신의 영혼 오로라

신의 영혼 오로라

초판 1쇄 발행 2013년 6월 24일
개정판 1쇄 인쇄 2023년 1월 6일
개정판 1쇄 발행 2023년 1월 27일

지은이 권오철
펴낸이 이상훈
편집인 김수영
본부장 정진항
편집2팀 원아연 허유진
마케팅 김한성 조재성 박신영 김효진 김애린 오민정
사업지원 정혜진 엄세영

펴낸곳 ㈜한겨레엔 www.hanibook.co.kr
등록 2006년 1월 4일 제313-2006-00003호
주소 서울시 마포구 창전로 70(신수동) 화수목빌딩 5층
전화 02-6383-1602~3 **팩스** 02-6383-1610
대표메일 cine21@hanien.co.kr

ISBN 979-11-6040-941-3 (03980)

• 책값은 뒤표지에 있습니다.
• 파본은 구입하신 서점에서 바꾸어 드립니다.

천체사진가
권오철이 기록한
오로라의
모든 것

신의 영혼 오로라

글·사진 권오철

씨네21북스

목차

우물쭈물하지 말고 오로라

"우물쭈물하다가 내 이리될 줄 알았다."

영국의 극작가 버나드 쇼Bernard Shaw가 자신의 묘비에 남긴 말이라고 합니다. 우주적인 관점에서 보면 인간의 삶이란 하루살이와 크게 다르지 않습니다. 지구가 태양을 백 바퀴도 돌기 전에 끝납니다. 광대한 우주 속에서 아주 짧은 순간을 살다 가는 것입니다. 주어진 시간 속에서 무엇을 하고 무엇을 보면 후회가 없을까요. 죽기 전에 꼭 해봐야 할 것들을 하나씩 하나씩 써보는 것을 버킷 리스트Bucket list라고 합니다.

제 리스트 중에는 오로라를 보는 것이 있었네요. 참으로 아름답고도 신비로운 천문 현상이지요. 천체사진 작업을 20년 넘게 하면서 가장 흥미로운 대상이 오로라입니다. 한 번 보는 것으로는 모자라서 캐나다 옐로나이프를 여러 번 찾았고, 오로라를 취재하는 TV 다큐멘터리 작업을 위해서 북유럽도 다녀왔습니다.

이 책은 저와 같은 꿈을 지닌 사람들이 오로라를 보기 위해 떠나는 데 필요한 정보를 모두 담고 있습니다. 오로라가 대체 무엇인지, 어디에 가서 봐야 하는지, 어떻게 사진으로 담을지…. 특히 오로라를 보기에 지구에서 가장 좋은 조건을 갖춘 캐나다 옐로나이프로 가는 방법을 자세히 다루었습니다.

'저기 꼭 가봐야겠다' 하고 여행을 떠날 때, 그 시작은 한 장의 사진에서 비롯되는 경우가 많습니다. 그런 한 장의 사진이 이 책 안에 들어 있기를 희망합니다. 그리고 이 책을 읽는 여러분도 그런 장면을 두 눈으로 직접 보게 되기를 기대합니다.

우물쭈물하지 말고 인생의 버킷 리스트를 만들어보세요. 그리고 하나씩 지워나갑니다. 문제는 지워나가는 것이 많을수록 새로 추가할 항목들이 더욱 늘어난다는 겁니다. 인간의 욕심은 끝이 없기 때문이죠. 그래도 죽을 때 후회할 일은 점점 줄어들지 않을까요?

2013년 1월, Aurora voyage, 크루즈 선상에서

권오철

다시 극대기를 앞두고

지난 2014~2015년의 오로라 극대기를 앞둔 2013년에 이 책이 처음 출간되었습니다. 그 뒤로 많은 일이 있었죠. 오로라에 대한 다큐멘터리 세 편에 출연했고, 천체투영관용 영화 〈생명의 빛 오로라〉를 제작했습니다. 과거에는 오로라를 보러 가는 한국인이 거의 없었는데, 이제 오로라는 인기 여행 상품이 되었습니다. 캐나다 옐로나이프의 성수기에는 한국인만 수백 명씩 오로라를 보러 방문하기도 합니다. 관광객 중 동양인은 거의 일본인이었는데, 이제 한국인과 중국인도 많습니다.

10년이면 강산도 변한다는데 옐로나이프는 그렇게 많이 변하지는 않았습니다. 그래도 이 책을 추가로 찍을 때마다 조금씩 바뀌는 게 있어서, 그때마다 조금씩 반영을 해왔습니다. 태양은 11년 정도의 주기로 극대기와 극소기가 반복됩니다. 2024~2025년으로 예상되는 다음 극대기를 앞두고는 조금씩 바꾸는 게 아니라 아예 개정판을 내야겠다고 생각했습니다. 극대기가 중요한 이유는 오로라 폭풍을 더 자주 만날 수 있는 시기이기 때문입니다. 그냥 너울거리는 오로라에는 눈물까지 나지는 않습니다. 폭발하듯 쏟아지는 오로라 폭풍을 봐야 눈물이 나죠.

인간이 자연에서 볼 수 있는 최고의 경이로움인 오로라 폭풍, 많은 사람들이 직접 경험했으면 합니다. 그래서 이번 개정판에서는 그 부분에 대해 조금 더 자세히 살펴보았습니다. 물론 글이나 사진만으로는 도저히 전달하기 어려운 부분도 있습니다. 그 아쉬움은 근처 천체투영관에서 제가 만든 영화 〈생명의 빛 오로라〉를 보시면 채워질 것입니다. 하지만 직접 가서 보면 더 좋겠죠. 더 많은 분들이 오로라 폭풍을 보고 눈물 나는 경험을 하게 되면 좋겠습니다. 제 책이 그 길잡이가 된다면 그 또한 제 행복입니다.

2023년 1월

권오철

밤하늘에 신의 영혼이 춤추고 있었다.
달빛을 받아 하얗게 빛나는 눈 덮인 언덕 위, 검푸른 하늘을 배경으로 초록 빛깔 오로라가 떴다. 어릴 적 만화에 나오던 오로라 공주의 이미지처럼, 극지방의 차가운 밤하늘을 빛으로 물들이는 오로라는 아름답고 신비로운 대상이다.
그 동네 원주민들은 오로라를 '신의 영혼'이라 부른다고 한다.

오로라 빌리지*Aurora village*, 2009년 12월

오로라, 은하수, 그리고 별똥별.

은하수가 흐르는 밤하늘에 오로라가 펼쳐졌다. 별똥별도 같이 촬영되니 1석 3조라 할 만하다. 은하수는 맑은 밤하늘에서 볼 수 있고, 오로라는 극지방에서 볼 수 있다. 별똥별은 밤새 여러 개가 떨어지니 옐로나이프의 밤하늘에서는 심심찮게 볼 수 있는 풍경인 것이다.

에노다 로지 *Enodah lodge*, 2011년 2월

오로라, 불새 되어 날다.

시시각각 변하는 오로라의 모습이다. 불과 일 분여의 시간에 이렇게 모습이 변하는 것이다. 옛 사람들이 밤하늘의 별자리를 보고 신화의 사건들을 떠올렸듯이, 오로라를 보고 있으면 여러 가지 신령스러운 모습으로 느껴진다.

오로라 빌리지*Aurora village*, 2009년 12월

온 세상이 형광빛으로 물들다.

태양 활동의 극대기에 접어들면 오로라는 자정 전후로 매우 활발한 모습을 보이곤 한다. 운해처럼 너울거리던 오로라의 움직임이 갑자기 빨라지면서 폭풍처럼 휘몰아친다. 밤하늘을 가득 채우는 형광빛은 보름달이 뜬 것보다 밝아 하얀 눈으로 덮인 대지도 그 빛에 공명하여 같이 빛난다. 그 신비로운 빛 속에 서 있으면 동화 속 이상한 나라에 온 것 같은 환상에 빠지게 된다.

에노다 로지*Enodah lodge*, 2011년 2월

북극의 빛, 노던 라이츠 Northern Lights.
에노다 로지 위로 북극의 빛, 오로라가 쏟아진다. 달빛이 휘영청 밝아 대낮 같다. 오로라 자체만 보기에는 달이 없는 날이 좋다. 보름달이 뜨면 별빛도 희미해지듯이, 오로라도 그 밝기가 달빛에 묻혀버린다. 하지만 달빛이 있으면 주변 풍경이 함께 나타나는 장점도 있다.

에노다 로지*Enodah lodge*, 2012년 10월

밤하늘에 펼쳐진 여신의 드레스 자락.

프렐류드 호수 위로 오로라의 반영이 보인다. 오로라를 보기에 여름은 밤이 너무 짧아서 아쉽고, 겨울은 밤이 길지만 너무 추운 것이 문제다. 가을, 호수의 물이 얼기 직전에는 밤 길이도 충분하고 무엇보다도 춥지 않아서 좋다. 여름철에는 계절이 바뀌는 기간이라 날씨가 불안정하여 맑은 날을 만나기가 쉽지 않다. 게다가 호수에 반영이 생기려면 바람 한 점 없는 날씨여야 하는데, 이 조건까지 만족하기는 더더욱 어렵다.

프렐류드 호수 *Prelude lake*, 2011년 9월

오로라 여신 치맛자락의 붉은 끝동.

지자기 폭풍 Geomagnetic Storm**으로 오로라 오발**Auroral Oval**이 엄청나게 확장되면서 옐로나이프에서는 평소에 머리 위로 보이던 오로라가 저 아래 남쪽 지방까지 내려갔다. 오로라의 아래쪽 초록색 부분은 지평선 아래로 내려가서 안 보이고 위쪽 붉은 부분만 남쪽 지평선 위로 드러났다. 이렇게 붉은 오로라가 뜨는 날은 흔치 않다.**

오로라 빌리지*Aurora village*, 2015년 3월

오로라 폭풍의 순간.
온 세상이 오로라의 빛으로 요동친다. 오른쪽 귀퉁이에 내가 오로라 VR 촬영 장비와 함께 촬영되었다.
카메라 여러 대를 이곳저곳에 두고 촬영하다 보면 내 카메라에 내가 찍히는 일이 종종 생긴다.
온 세상을 형광빛으로 물들이는 이런 오로라 폭풍을 만나고 나면, 그 전날 떠난 사람들이 눈에 밟힌다.

오로라 빌리지*Aurora village*, 2015년 3월

불새의 날개.
머리 꼭대기에서부터 쏟아지듯 펼쳐지는 오로라를 특히 코로나 Corona **또는 크라운**Crown **오로라라고 부른다. 오로라 폭풍 절정의 순간에 볼 수 있다. 불새의 날개가 펼쳐지는 듯하다. 이런 오로라가 펼쳐지면 눈 바닥에 누워서 보는 것도 좋다. 서서 보는 것과는 느낌이 확실히 다르다.**

오로라 빌리지*Aurora Village*, 2015년 3월

거대한 빛의 너울거림 앞에 서다.

오로라는 사진으로만 보아도 환상적이지만 실제로 보면 훨씬 신비롭다. 우선 그 장대한 규모에 놀라고, 너울거리는 움직임에 빠져든다. 오로라는 정적인 현상이 아니다. 산에서 볼 수 있는 운해보다도 더욱 역동적으로 그 모습이 시시각각 변한다. 게다가 그 범위는 밤하늘 전체를 뒤덮기에 사진으로 담기는 부분은 일부일 뿐이다.

잉그러햄 고속도로*Ingraham Trail* 옆 작은 호수, 2012년 10월

◀

오로라 폭풍의 시작.
오로라는 수 세기 동안 북극 지방에서 신화와 전설의 원천이었다.

잉그러햄 고속도로*Ingraham Trail* 옆
작은 호수, 2012년 10월

▷

오로라 폭풍, 하늘을 덮다.
이 장면은 사진이 아니라 동영상으로 촬영했다. 매일같이 오로라를 보는 오로라 빌리지의 직원도 이 장면에서 눈물을 흘렸다.

오로라 빌리지*Aurora village*, 2015년 3월

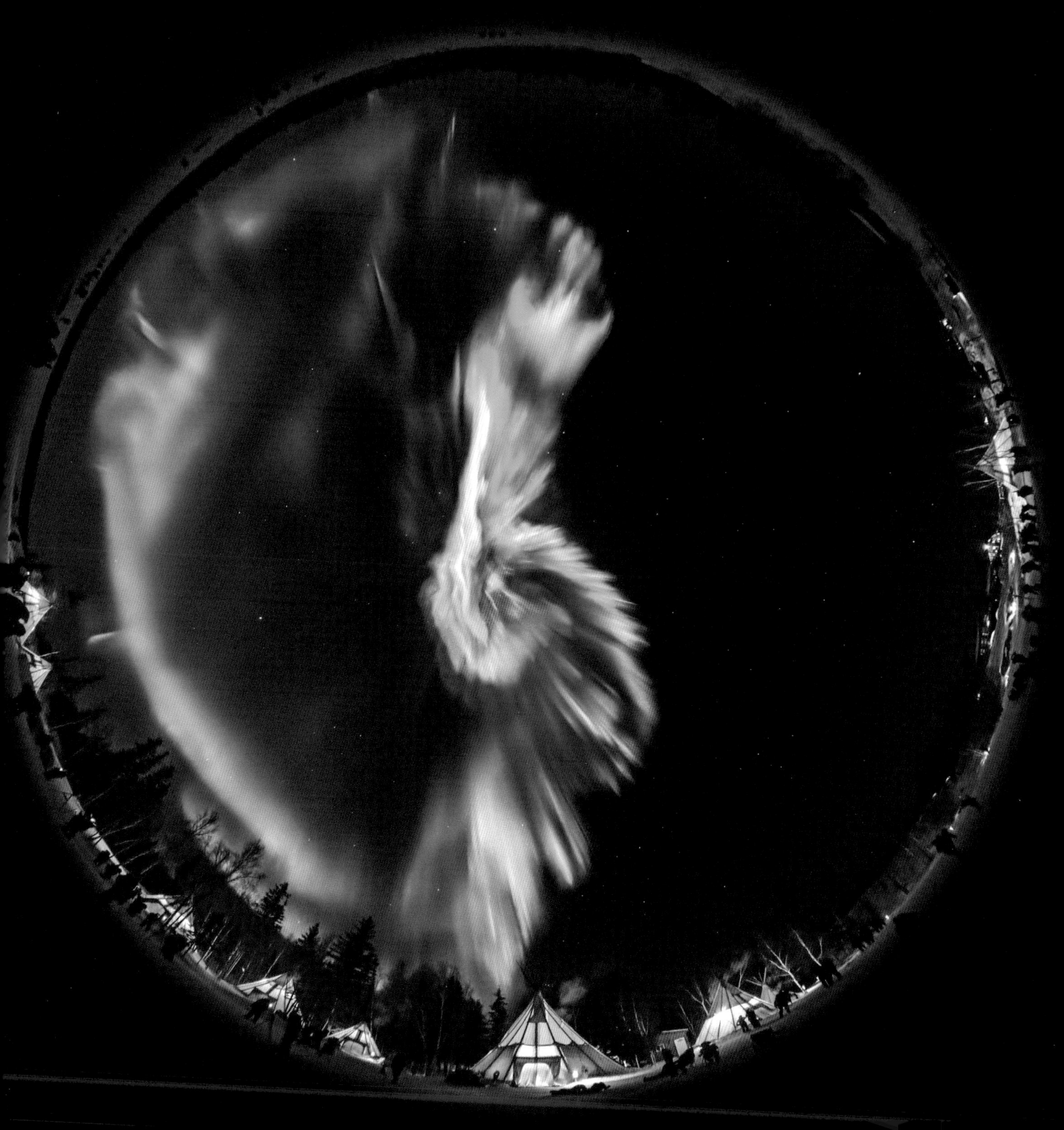

1장

오로라의 모든 것

오로라란 무엇인가?

태양

오로라에 대한 이야기는 태양으로부터 시작된다. 태양은 우리 태양계 전체 질량의 99.86%를 차지하고 있는 별이다. 이 엄청난 질량이 중력으로 수축하여 태양의 중심부에서는 핵융합 반응이 일어나고 있다. 이것이 바로 우리 지구에 떨어지는 태양 에너지의 원천이다. 그런데 이 거대한 폭발로 빛뿐만 아니라 핵실험에서 발생하는 것과 마찬가지로 높은 에너지를 가진 물질들도 우주로 뿜어져 나온다. 이 입자들의 흐름을 태양풍이라고 한다. 태양은 우리에게 약도 주지만 병도 준다.

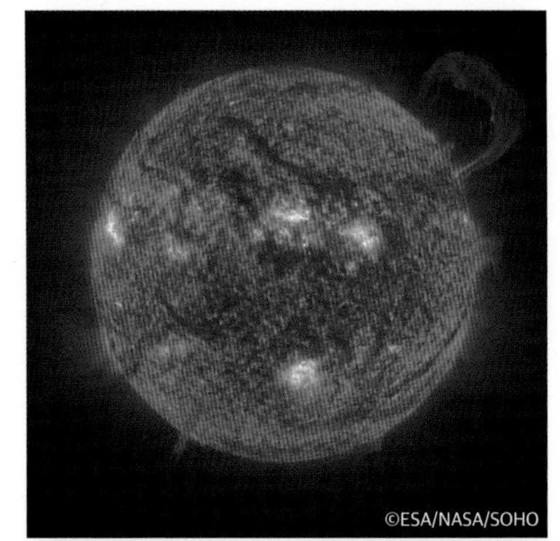
©ESA/NASA/SOHO

지구

지구에는 대기가 있어 가시광선과 전파 이외의 생명체에 해로운 빛들을 막아준다. 그런데 빛 이외의 태양풍 입자들은 어떻게 막아낼까. 지구의 자기장이 그 해답이다. 지구 역시 여러 가지 물질들이 중력으로 뭉쳐져 있어, 중심부는 상당한 고온 고압 상태를 유지하고 있다. 특히 지구 표면으로부터 약 2,900km에서 5,100km까지의 외핵 구간은 대부분 전기를 띤 액체 상태의 철들로 이루어져 있다. 이들이 대류 현상으로 천천히 움직이면서 지구에 자기장을 만든다.

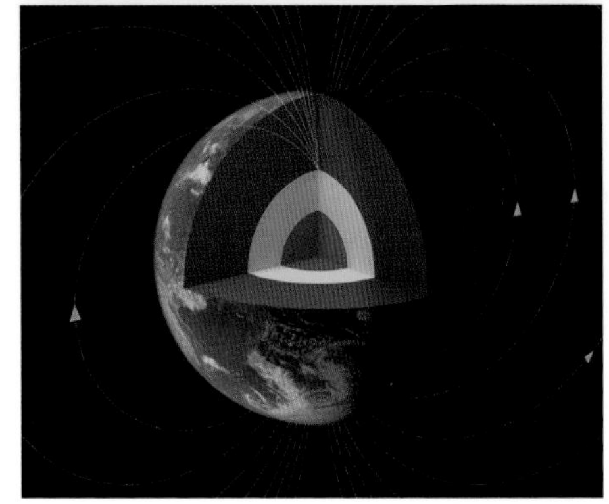

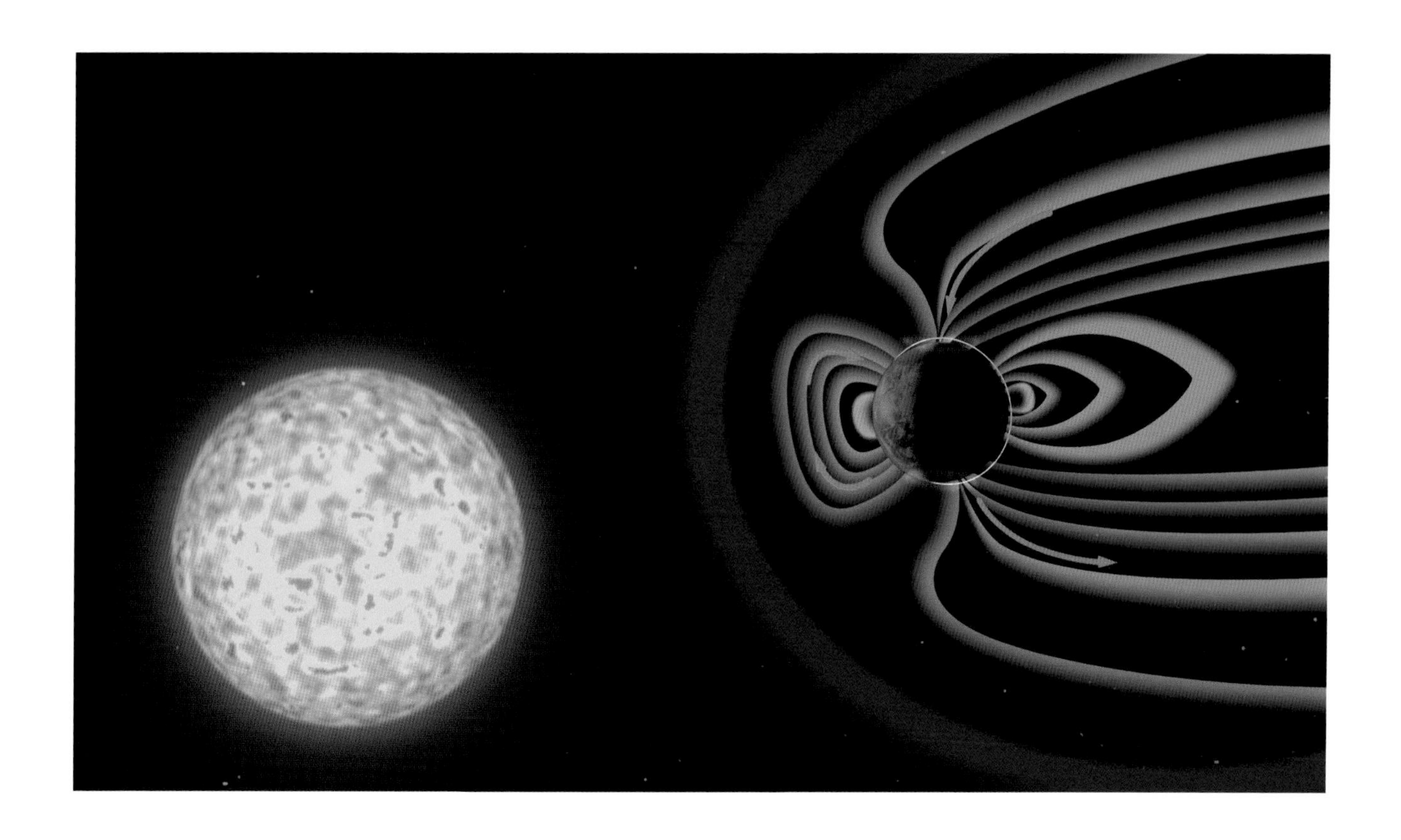

그리고 오로라

학교 다닐 적에 막대자석에 철가루를 뿌려 무늬가 나타나는 실험을 해본 적이 있을 것이다. 철가루가 만드는 무늬가 바로 자기력선이다. 지구도 거대한 자석으로 이런 자기력선을 만든다. 태양에서 방출된 전기를 띤 입자들이 지구의 자기장에 잡혀 이끌려 양 극지방으로 내려오면서 지구 대기와 반응하여 빛을 낸다. 대기 중의 어떤 성분과 반응하느냐에 따라 초록색부터 붉은색, 핑크색 등 다양한 색을 볼 수 있는데, 이것이 바로 오로라다. 형광빛의 거대한 커튼이 너울거리는 것처럼 보이는 오로라는, 시시각각 변해가는 모습이 매우 신비롭다.

설원 위에 밝은 오로라가 뜨니 눈이 온통 형광빛으로 같이 빛난다. 달이 없는 칠흑 같은 밤인데도 주변이 다 보인다. 이럴 때에는 갑자기 주변이 밝아지는 것이 느껴지면서 흥분되기 시작한다.

오로라 빌리지*Aurora village*, 2013년 3월

오로라, 그 이름의 유래

북아메리카 원주민들은 오로라를 '정령들의 춤Dance of the Spirits'이라고 불렀으며, 중세 유럽에서는 신의 계시로 여기거나 하늘에서 타오르는 촛불이라고 이야기하곤 했다. 바이킹족의 전설에서는 전쟁의 여신 발키리가 전사들을 천국으로 데려갈 때 방패에서 반사된 빛이 오로라라고 전해진다. 1619년 이탈리아의 과학자 갈릴레오 갈릴레이는 그리스 로마 신화에 등장하는 새벽의 여신의 이름인 오로라Aurora와 북쪽 바람 신의 이름인 보레아스Boreas를 따서 오로라 보레알리스Aurora Borealis라고 이름 지었다. 갈릴레이가 살던 위도에서는 오로라가 북쪽 지평선 위로 붉게 보이기 때문에 '북쪽의 새벽노을'이라는 의미로 이름을 지은 것이다. 이후 대항해시대에 제임스 쿡James Cook 선장이 남반구를 항해하다가 비슷한 현상을 보고 라틴어로 남쪽을 뜻하는 오스트레일리스Australis를 붙여 오로라 오스트레일리스라고 이름 붙이기도 했다. 한자로는 북극에서 보이는 오로라를 북극광, 남극에서 보이는 오로라를 남극광이라고 한다.

새벽의 여신을 그린 구에르치노Guercino의 프레스코 천장 벽화.

여신의 드레스 자락이 하늘에 펼쳐진 듯하다. 오로라가 밝게 나타날 때는 달만큼이나 밝다. 달빛에 오로라의 빛이 더해져 밤인데도 환하다.

프렐류드 호수 *Prelude lake*, 2011년 9월

오로라의 밝기

오로라가 형광빛을 발하며 하늘을 환하게 비추더라도 대낮처럼 밝지는 않다. 하지만 깜깜한 밤하늘에 이 정도의 밝기는 상대적으로 꽤 밝게 느껴진다. 매우 희미한 오로라는 은하수 정도의 밝기지만, 매우 밝은 오로라는 보름달이 뜬 것만큼 밝은데, 흰 눈이 쌓인 곳에서는 온 세상이 같이 환하게 빛난다. 이 정도 밝기에서는 책을 읽을 수도 있다.

오로라의 높이

오로라는 구름이 짙게 덮이면 볼 수 없다. 한편 오로라가 밝을 때에는 별빛을 가린다. 오로라는 구름과 별 사이의 어디쯤에 있는 것이다. 오로라는 대기권 100km 정도의 고도에서부터 그 위로 수십~수백 킬로미터 높이로 펼쳐져 있다. 그래서 비행기에서 오로라를 보면 저 하늘 위로 보이지만, 약 370km 높이에서 지구를 돌고 있는 국제우주정거장ISS에서는 오로라를 내려다보게 된다. ISS에서 보는 가장 아름다운 장면 중 하나가 바로 이 우주에서 보는 오로라라고 한다. 동영상도 있으니 유튜브에서 'ISS Aurora'로 검색해보면 된다.

국제우주정거장에서 내려다본 오로라 ©NASA

바람이 잔잔한 날이면 오로라의 반영이 호수에 드리운다. 물에 비칠 정도로 꽤 밝다.

프렐류드 호수 *Prelude lake*, 2011년 9월

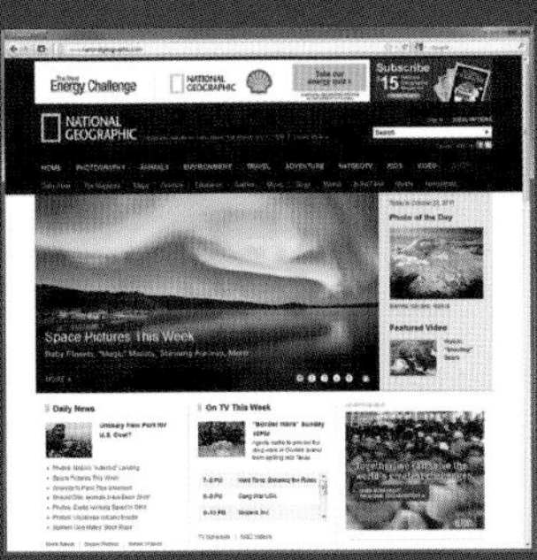

2011년 10월 미국 내셔널지오그래픽의 홈페이지 대문을 장식한 나의 오로라 사진.

어디로 가야 볼 수 있을까?

오로라 존 Auroral Zone

지구는 하나의 커다란 자석이다. 내부의 외핵 부분에서 철이 녹아서 대류하고 있는데, 이 거대한 흐름이 자기장을 만든다. 초등학교에서 자석 주변에 철가루를 떨어뜨려 자기력선의 모습을 관찰해본 기억이 있을 것이다. 지구 자기장의 자기력선이 가장 강력하게 형성되는 지역이 바로 오로라를 볼 확률이 가장 높은 곳이다. 이곳을 오로라 존Auroral Zone이라고 부른다. 지구 자기장의 축은 자전축에서 캐나다 방향으로 10도 정도 기울어져 있는데, 이 지구 자기장의 축을 중심으로 반지름 2,500km의 원을 그리면 그 지역이 바로 오로라 존이다. 캐나다 북부, 알래스카 북부, 그린란드 남쪽, 아이슬란드, 유럽과 시베리아의 북쪽 끝 정도에 걸쳐 있다. 남반구에서는 남극대륙 일부에 걸쳐 있다. 대개 춥고 황량한 지역들로, 사람이 살기에 좋은 곳도 아니고 교통도 좋지 않다. 그나마 교통이 나은 편이어서 오로라 관측지로 유명한 곳들이 캐나다 북쪽의 옐로나이프Yellowknife와 화이트호스Whitehorse, 알래스카의 페어뱅크스Fairbanks, 북유럽 노르웨이의 트롬쇠TromsØ, 스웨덴의 아비스코Abisko 국립공원 등이다.

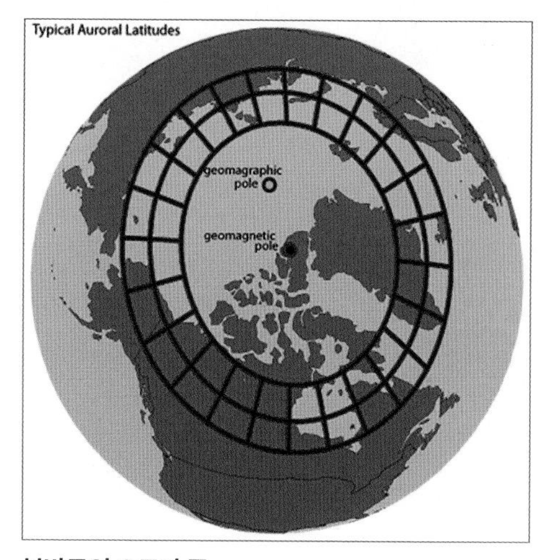

북반구의 오로라 존

Eric Donovan, the University of Calgary

캐나다 옐로나이프에 뜬 오로라

오로라 빌리지*Aurora village*, 2013년 12월

노르웨이 연안을 따라 운행하는 후르티그루텐 Hurtigruten **크루즈 여객선 위에서 촬영한 오로라. 노르웨이 중부 이북은 북극권이지만 멕시코 만류로 인하여 겨울에도 우리나라보다 따뜻하다. 하지만 비가 자주 온다.**

노르웨이해 *Norwegian Sea*, 2013년 1월

아이슬란드에서 촬영한 오로라. 화산과 빙하의 나라로 천혜의 절경을
자랑하는 이곳의 하늘에는 오로라까지 나타난다.
풍경 사진을 위한 모든 것을 갖춘 이 나라에 신이 하나를 안 준 게 있으니,
그게 바로 날씨다. 특히 겨울철에는 맑은 날이 매우 드물다.

미바튼 호수 *Myvatn lake*, 2013년 1월

오로라 오발 Auroral Oval

우주에서 본다면 지구가 형광빛 왕관을 쓰고 있는 모습일 것이다. 재미있는 것은 북극뿐만 아니라 남극에서도 그 형태와 모습이 비슷하게 대칭을 이루며 나타난다고 한다. 이 '왕관' 아래에 있다면 오로라를 볼 수 있다. 지구 자기장의 중심을 둥그렇게 싸고 있는 이 오로라의 거대한 띠를 오로라 오발Auroral Oval이라고 한다. 이 오로라 오발이 주로 머무는 곳이 오로라 존이다. 오로라의 활동이 활발해지면 오로라 오발의 크기가 커지면서 보다 낮은 위도에서도 오로라를 볼 수 있게 된다. 이때 자기 북극이 캐나다 북쪽으로 치우쳐 있기 때문에 북아메리카 대륙이 훨씬 유리하다. 우리나라와 북아메리카를 비교해보면 같은 위도라고 해도 자기 북극에서의 거리가 북아메리카 쪽이 훨씬 가깝기 때문이다. 그래서 강력한 태양 흑점 폭발이 일어나면 미국에서는 우리나라보다 위도가 낮은 텍사스주에서도 오로라가 보였다는 뉴스가 나오는데, 우리나라에서는 오로라를 보기 어려운 것이다.

©NASA

우리나라에서도 오로라를 볼 수 있을까?

아주 오래전 우리나라에서도 오로라가 보이던 시기가 있었다. 오로라를 '적기赤氣'라고 하여 기원전 35년 고구려의 기록을 시작으로 700여 건이나 관련 기록이 남아 있다. 기록된 시기는 태양 활동의 극대기와 대부분 일치한다고 한다. 이때는 환경오염이 되지 않았고 광해光害도 없어 밤하늘이 아주 깨끗해서 멀리까지 보이기도 했을 테지만, 지구 자기장의 중심 위치가 지금과 달라서였을 가능성이 크다.

현재 캐나다 북쪽에 있는 지구 자기장의 자극 위치는 해마다 조금씩 변하고 있는데, 시베리아 방향으로 넘어오고 있다고 한다. 게다가 보통 1년에 수 킬로미터 정도의 속도로 움직이던 것이 최근 갑자기 수십 킬로미터씩으로 이동 속도가 증가했다고 한다. 이런 속도로 계속 변화한다면 그리 머지않은 미래의 극대기에는 오로라가 충분히 강하게 발생하는 날이라면 한반도에서도 희미하게나마 볼 수 있게 될 것이다.

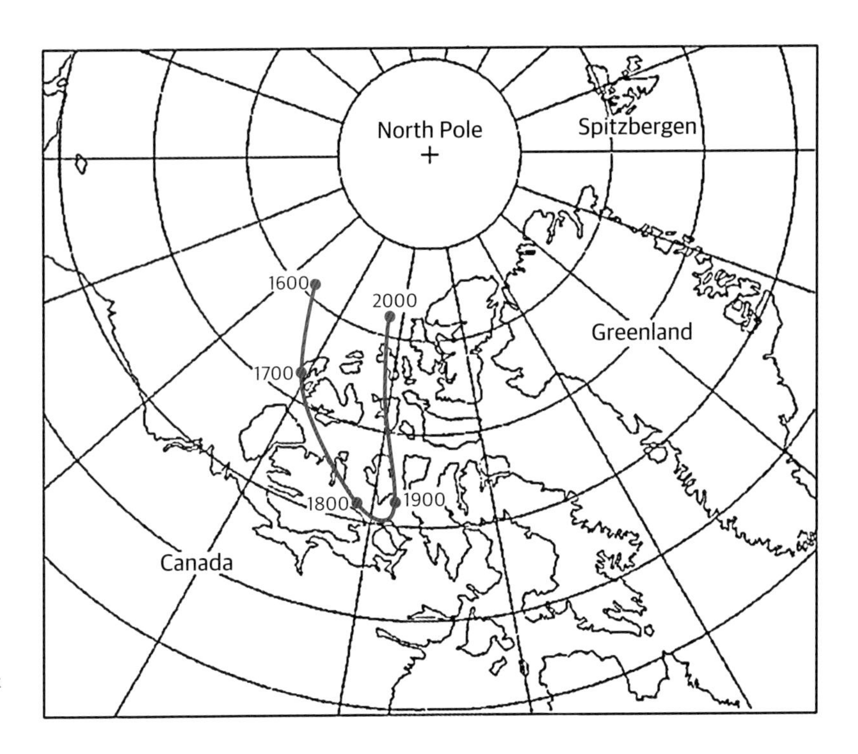

지난 400년 동안의 지구 자기 북극의 이동.

Truls Lynne Hansen, "Ultima Thule", Ravnetrykk no. 7, University of Tromsø.

'적기赤氣'라는 기록의 비밀

오로라는 대개 초록색을 띠는데, 고대 우리나라의 기록에서는 오로라를 '적기赤氣', 즉 붉은 기운이라고 하였다. 또한 오로라라는 이름을 붙여준 갈릴레이가 새벽의 붉은 노을을 떠올린 것과 같이 유럽의 중위도 지역에서도 오로라는 붉은색으로 보였다. 왜 초록색이 아니라 붉은색으로 보였을까.

오로라는 보통 초록색이지만 위쪽은 붉은색으로 나타나는 경우가 많다. 우주에서 날아온 입자들이 대기 중의 산소 원자들과 반응하여 가장 흔하게 나타나는 색이 초록색인데, 250km 이상의 높이에서는 붉은색을 방출하기 때문이다. 그런데 극지방에서 멀리 떨어진 중위도 지역으로 내려갈수록 지구는 둥글기 때문에 아래쪽의 초록색 부분은 지표면 아래로 내려가고 위쪽의 붉은 부분만 희미하게 보이게 된다. 물론 이렇게 오로라가 멀리에서도 보이려면 대기가 무척이나 깨끗해야 하고, 오로라도 강하게 나타나야 한다.

또한 오로라의 빛은 멀리 떨어진 중위도의 관측자에게 도달하는 동안 두꺼운 대기층을 통과하게 된다. 이때 파장이 짧은 푸른빛이 더 많이 산란되어 없어지고, 결국 관측자는 붉은색으로 편향된 오로라를 보게 된다. 그래서 중위도 지역에서 흔치 않게 볼 수 있는 오로라는 대개 붉은색이다.

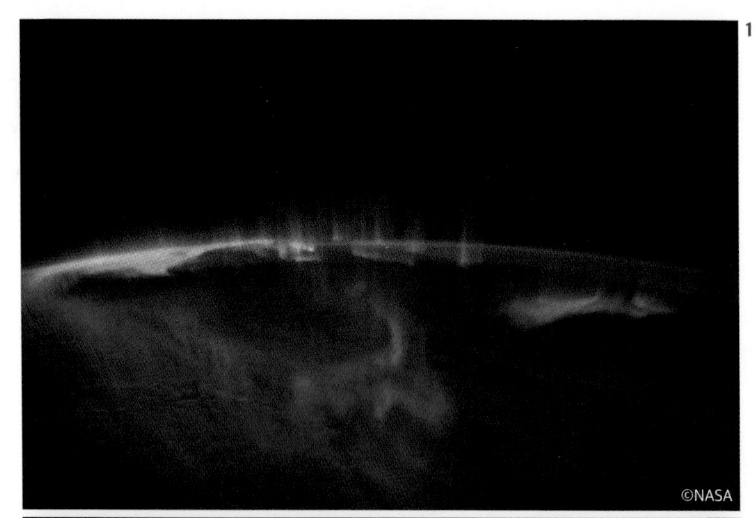

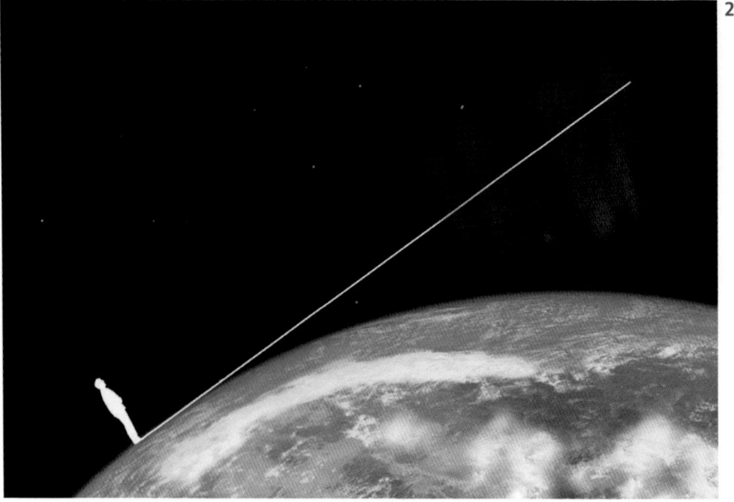

1 국제우주정거장ISS에서 촬영된 오로라이다. 지표면에서 100km 정도에 초록색이 집중되어 있고 위쪽 끝에 붉은색이 보인다.

2 이런 오로라를 오로라 바로 아래가 아닌 좀 떨어진 곳에서 보게 되면, 지구는 둥글기 때문에 아래쪽 초록색은 지평선 아래로 내려가고, 위쪽의 붉은색만 희미하게 보이게 된다.

호주에서 촬영된 오로라. 아래쪽의 초록색은 지평선 아래로 내려가서 안 보이고 위쪽의 붉은 부분만 보이는 것이다. 아주 희미해서 노출을 많이 주어 촬영했다. 은하수와 밝기가 비슷하다.

©Alex Cherey

오로라, 그 빛의 비밀

오로라는 여러 가지 색으로 나타난다. 대개는 연한 초록빛을 띠고 있는데, 위쪽으로는 붉은빛이 나타나기도 하고, 드물게 핑크빛이나 보랏빛이 나타나기도 한다. 오로라 빛의 정체는 무엇이고 어떻게 이런 아름다운 색이 나타날 수 있는 것일까?

오로라가 빛나는 원리

앞서 알아본 바와 같이, 오로라는 태양에서 날아온 입자들이 지구의 자기장에 잡혀 내려오다 대기권에 있는 공기 입자들과 충돌하여 빛이 나는 현상이다. 우주에서 날아온 고에너지 입자들이 대기권의 공기 입자들과 충돌하면 공기 입자들은 그만큼 에너지를 흡수하게 된다. 고등학교 물

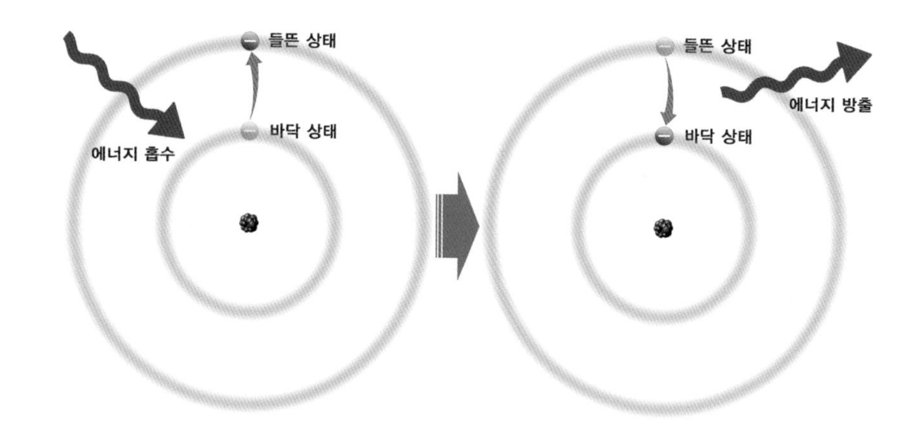

리 시간에 배웠던 것을 되새김해보면 원자핵을 둘러싸고 있는 전자들이 에너지를 흡수해서 '들뜬 상태'가 되는 것이다. 그렇지만 원래의 안정된 상태로 돌아가려는 성질이 있기 때문에 다시 에너지를 방출하게 된다. 이때 고맙게도 우리 눈에 보이는 가시광선의 형태로 방출하기 때문에 우리는 극지방의 밤하늘에서 황홀한 오로라를 볼 수 있게 된다. 이 원리는 밤거리의 네온사인과 같다고 한다. 같은 원리로 빛나지만 그 느낌은 사뭇 다르다.

색의 비밀

공기는 질소와 산소 등으로 구성되어 있으며, 대기권에는 이런 입자들이 고도에 따라 다양하게 분포하고 있는데, 어떤 입자들이 어떤 상태에서 에너지를 흡수했다 방출하는가에 따라 오로라의 색이 달라지는 것이다. 태양에서 오는 입자들의 에너지 상태 또한 그때그때 다르기 때문에 우리는 매번 다른 형태와 다양한 색의 오로라를 볼 수 있게 된다.

1 오로라와 네온사인이 빛나는 원리는 같다. 하지만 그 느낌은 사뭇 다르다.

2 오로라를 만드는 기본 색은 이게 전부다. 하지만 이 색들이 혼합되어 여러 가지 오묘한 빛으로 소용돌이 친다.

1

2

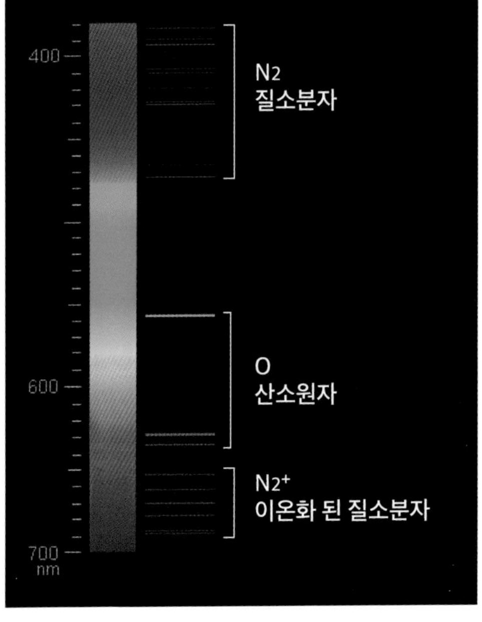

초록색 | 가장 흔하게 보이는 오로라의 색은 초록색이다. 고도 100~250km 정도에서는 산소 원자들의 밀도가 높아 우주에서 날아온 입자들이 산소 원자들과 충돌하게 된다. 이때 입자들은 에너지를 방출하고 안정된 상태로 돌아가기 전에 다시 충돌하여 한 단계 더 높은 들뜬 상태가 되는데, 여기서 안정된 상태로 내려갈 때 초록빛의 파장을 방출하게 된다.

붉은색 | 주로 초록색 위쪽에 나타나는 매우 어둡게 보이는 색이다. 사람 눈으로는 거의 색이 느껴지지 않을 정도다. 250km 이상의 진공에 가까운 고도에서 산소 원자들이 들뜬 상태에서 안정된 상태로 내려갈 때 붉은빛의 파장을 방출한다.

핑크색 | 태양으로부터 강력한 입자들의 흐름이 있을 때에는 100km보다도 낮은 고도까지 침투하여 질소 분자들과 반응하게 된다. 이때에는 진한 붉은색과 푸른색부터 보라색에 걸치는 오묘한 파장의 빛을 방출한다. 이 색깔들이 어우러져 핑크빛의 오로라가 나타나게 된다. 오로라 폭풍이 발생하면 나타나는 특징적인 색으로 맨눈으로 보아도 매우 밝고 선명하다. 대개 초록색보다 아래쪽에 나타난다.

눈으로 보는 것과 사진이 다른 이유

오로라가 강하지 않을 때는 그저 희뿌연 구름처럼 보이는데, 사진으로 찍으면 선명한 초록색을 띤다. 어떨 때는 붉은색이 찍혀 나오기도 한다. 어째서 이런 차이가 생기는 것일까?

사람 눈 속의 빛을 인식하는 세포에는 명암을 구분하는 간상세포와 색깔을 구분하는 원추세포가 있다. 그런데 이 원추세포는 그 수가 적기도 하거니와 어두운 상태에서는 반응하지 못한다. 그래서 인간의 눈은 어두운 곳에서는 명암만 구분하고 색을 보지 못한다. 우리가 밤에 보는 이미지의 상당 부분은 흑백인 것이다.

오로라가 밝긴 하지만 깜깜한 밤하늘에 비해서 그렇다는 것이지 절대적인 기준으로는 상당히 미약한 빛이다. 그래서 오로라가 약할 때는 우리 눈에 그 색이 제대로 드러나지 않고 그저 희뿌옇게 보인다. 반면 카메라는 기계적으로 빛을 기록하기 때문에 사람의 눈과는 달리 희미한 빛에서도 색을 구분한다. 게다가 사람의 눈은 순간순간을 인식하는 데 비해 카메라는 장노출로 빛을 계속 축적하여 촬영하기에 눈으로 본 것보다 선명한 이미지를 얻을 수 있다.

하지만 밝은 오로라가 뜨게 되면, 원추세포를 자극하기에 충분한 밝기가 되어 사람의 눈으로도 사진과 같은 색을 볼 수 있다. 그러므로 사진에서 보는 것과 같은 느낌으로 보려면 상당히 밝은 오로라를 만나야 한다. 오로라가 밝아지면 엄청나게 빠른 속도로 요동치는 형형색색의 빛의 소용돌이를 볼 수 있다.

인쇄물로 보는 오로라의 색

오로라의 그 오묘한 색은 종이에 인쇄된 사진에서 대단히 재현하기 어렵다. 종이는 스스로 빛을 내지 못하기 때문이다. 심지어 카메라에서도 쉽지 않다. 디지털 카메라에서 기본으로 설정되어 있는 색 영역인 sRGB에서는 오로라의 색이 잘려 나가기도 한다. 사진으로 인화할 때에도 마찬가지 현상이 나타나기에, 모니터에서 볼 때는 괜찮아 보이던 사진이 인화를 하면 이상하게 나오기도 한다. 오로라는 사진으로 뽑기도 대단히 까다롭다. 그래서 사진 전문가용 고급 프린터 광고에서 오로라 사진을 사용하는 것을 종종 볼 수 있다. 이 책 역시 나름대로 인쇄에 신경을 쓰겠지만 한계는 있다. 종이에서건 모니터에서건 절대로 오로라의 느낌을 그대로 재현할 수는 없다.

그러니 그대의 두 눈으로 직접 보고 느끼는 수밖에.

연초록빛은 가장 흔하게 볼 수 있는 오로라의 색이다. 달빛이나 날씨에 따라 연둣빛으로 느껴질 때도 있고 푸르스름하게 느껴질 때도 있다.

오로라 빌리지*Aurora village*, 2009년 12월

어두운 붉은빛은 초록빛 다음으로 많이 보이는 색이다. 워낙 어둡기 때문에 눈으로 볼 때에는 '뭔가 오로라가 나타났긴 했는데 평소 보던 연초록빛은 아니네' 하는 느낌으로 다가올 것이다. 암적응이 된 상태에서는 희미하게 붉은 기운이 느껴진다.

오로라 빌리지*Aurora village*, 2013년 3월

아래쪽으로는 초록빛, 위쪽으로는 붉은빛의 커튼 자락이 구름이 낮게 깔린 하늘 위로 드리웠다. 두 가지 색 모두 산소 원자들이 내는 빛인데 100~250km 고도에서는 초록빛, 그보다 높은 고도에서는 붉은빛을 낸다고 한다. 위쪽의 붉은빛은 상당히 어두워서 눈으로는 색을 간신히 느낄 수 있는 경우가 많다.

카메룬 강 공원*Cameron River Crossing Territorial Park*, 2012년 10월

오로라의 여러 색깔 중 내가 가장 좋아하는 색은 핑크색이다. 말로 표현할 수 없는 오묘한 색인데, 사진으로만 이렇게 보이는 것이 아니라 눈으로도 선명하게 보이기 때문에 더욱 좋다. 오로라 폭풍이 나타날 때 가장 밝은 부분에서 특징적으로 나타나는 색으로, 이 색을 보았다면 밤하늘에서 경험할 수 있는 오로라의 거의 최대치를 본 것이다.

오로라 빌리지*Aurora village*, 2013년 3월

오로라의 다양한 모습

우주에서 본 오로라는 지구 자기장의 양극을 둥그렇게 둘러싸는 거대한 커튼과 같은 모습이다. 커튼이 바람에 흔들리는 것과 같이 오로라도 태양풍에 흔들리며 시시각각 다양한 모습으로 변해간다. 오로라 오발의 크기가 작아졌다 커졌다 하고, 밝기와 색깔도 다채롭게 변한다. 갑자기 밝아지며 타오르듯 흔들거린다.

날마다 뜨고 지는 일출과 일몰의 모습도 매일 다르다. 구름에 가려 아예 보이지 않는 날도 있고, 서쪽 하늘을 붉게 물들이며 장관을 이루는 날도 있다. 오로라도 마찬가지다. 보일락 말락 애간장을 태우는 날도 있지만 눈물이 날 정도로 아름다운 밤도 있다.

오로라의 다양한 모습을 그린 19세기의 그림.
5th edition of Meyers Konversationslexikon.

희뿌옇게 보이는 약한 오로라

아주 희미한 오로라를 보면 그저 희미하고 뿌옇게 보여서 옅은 구름 같다. 색도 전혀 느낄 수 없고, 움직임도 거의 없다. 사진으로 찍어보면 초록색으로 나와서 오로라라는 것을 알 수 있다. 이 단계까지만 본 사람은 '애개~ 이게 뭐야'라며 실망할 수도 있다. 오로라 오발의 세력이 약하고 위축되어 있어서 대개 북쪽 지평선 위로 희미하게 보인다.

1 어안렌즈를 써서 하늘 전체가 나오게 촬영한 사진. 약한 오로라가 북쪽 지평선에 걸쳐 있다. 밤하늘을 가로지르는 별이 많이 모여 있는 부분이 바로 은하수이다.

2 오로라 오발의 세력이 약해 북쪽 위에 희미하게 머물러 있다. 움직임도 거의 보이지 않는 상태다. 흰 점선으로 표시한 영역이 관측자가 보는 하늘의 범위이다. 북쪽 끝에 오로라 오발이 살짝 걸쳐 있다.

1

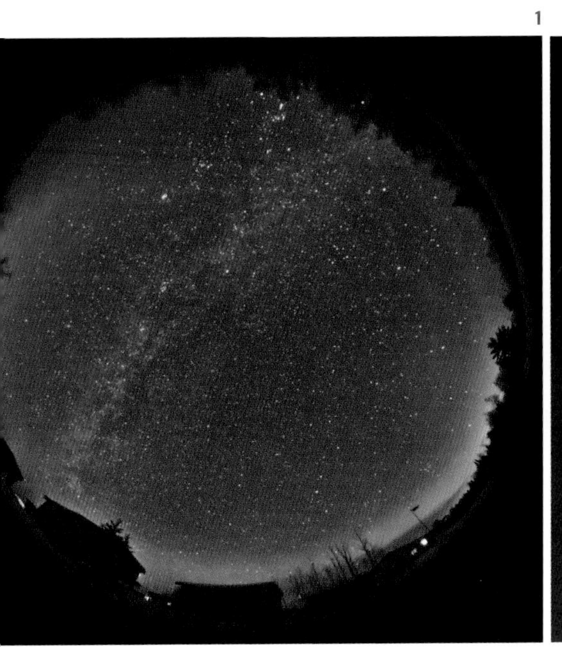

2

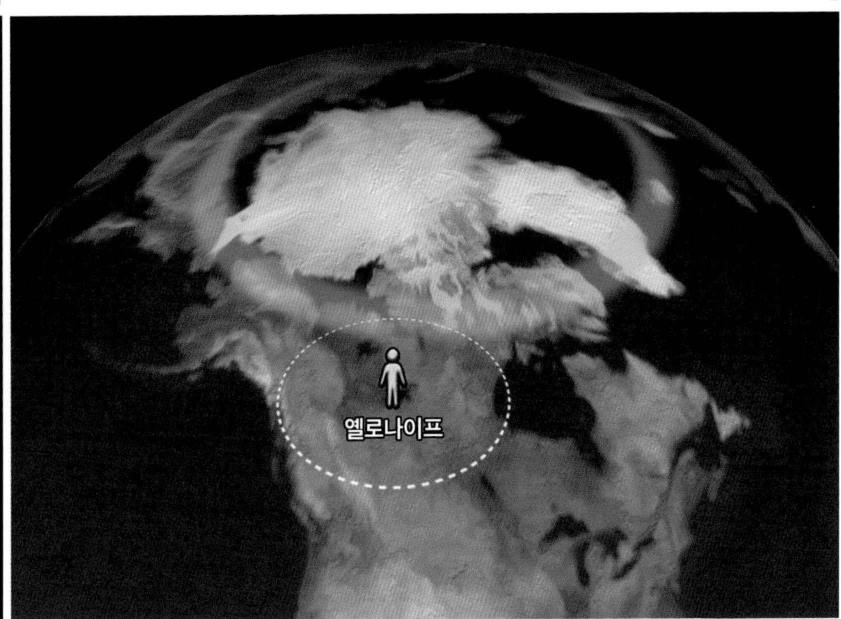

매우 약하게 보이는 오로라. 북쪽 하늘 저 멀리 지평선 위로 낮게 깔려 있다. 움직임이 거의 보이지 않고 밝기도 약해서 눈으로는 색이 보이지 않고 옅은 구름처럼 보인다. 사진으로 찍어야 초록색이 보인다.

오로라 빌리지 *Aurora village*, 2013년 3월

가을, 숲속에서 오로라를 보다. 밝기가 어두운 오로라는 형태도 명확하지 않고 퍼져 있다. 오로라 사진에서 별들의 밝기와 비교해보면 오로라의 밝기를 알 수 있다. 별이 총총히 많이 빛나고 있는 오로라 사진은 매우 약한 오로라를 촬영한 것이다.

에노다 로지*Enodah lodge*, 2011년 9월

연초록빛으로 너울거리는 오로라

오로라가 점점 강해지면 오로라 오발의 세력도 확장된다. 그 지름이 커지면서 보다 남쪽으로(남반구의 경우는 북쪽으로) 밀고 내려오면서 밝아진다. 이제 눈으로도 초록빛이 희미하게 느껴지기 시작한다. 너울너울 움직이는 모습이 아름답다. 오로라가 마치 무지개와 같은 모습으로 북쪽 하늘에 걸쳐 있는데, 오로라가 시작되는 동서 방향을 보면 오로라가 지평선 위로 올라오는 것 같은 모습을 볼 수 있다.

1 어안렌즈를 써서 하늘 전체가 나오게 촬영한 사진.
동에서 서로 이어진 오로라의 띠가 부드럽게 출렁이며 꼬이기도 한다.

2 오로라 오발의 세력이 강해지면서 지름이 커지고 움직임이 활발해진다.
눈으로 색이 보일 정도로 밝아진다.

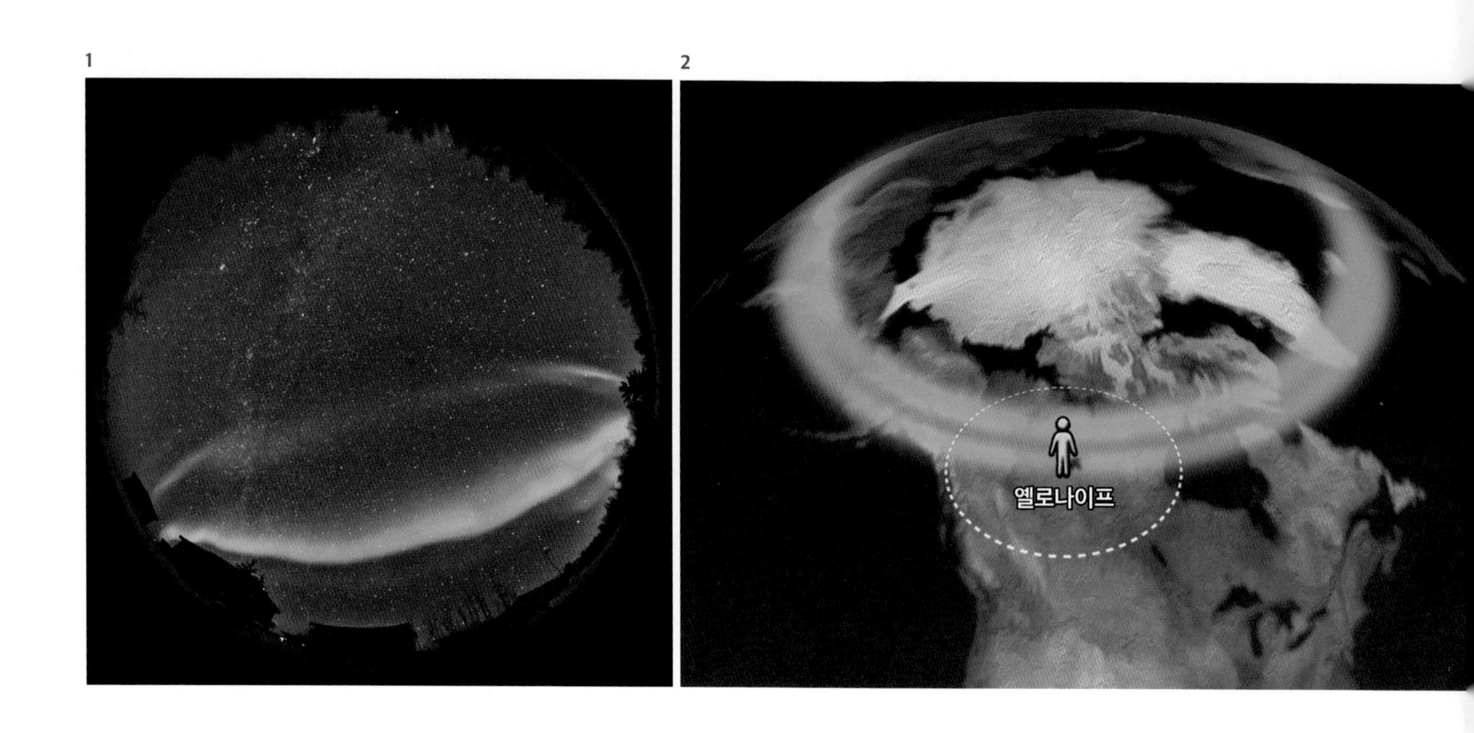

호수 위로 오로라가 부드럽게 너울거리는 밤이다.

에노다 로지*Enodah lodge*, 2012년 10월

너울거리는 오로라의 빛이 북동쪽에서 시작되어 서쪽까지 이어진다.

에노다 로지*Enodah lodge*, 2011년 2월

오로라는 대개 동서 방향으로 길게 이어진다.
너울거리다 밝아지길 반복한다.

오로라 빌리지*Aurora village*, 2015년 3월

매우 빠르게 움직이는 오로라 댄싱

오로라 세력이 점점 강해지면 결국 관측자가 있는 지역 전체의 하늘을 덮을 만큼 오로라 오발의 범위가 확장되고 세력이 강해져서 오로라가 머리 위에서부터 쏟아져 내리는 듯한 모습을 보게 된다. 오로라가 밝아질수록 그 움직임도 빨라진다. 이제부터는 너울거린다는 표현보다는 말 그대로 '오로라 댄싱', 즉 춤을 춘다는 표현이 어울린다. 오로라 '커튼'은 매우 빠르게 흔들리고, 커튼이 굽이치듯 꼬이기도 한다. 커튼 중 일부는 매우 밝게 타들어가듯 빛나며, 단독으로 내리꽂히는 빛줄기가 생기기도 한다. 이 정도가 되면 대개 초록색 이외에도 붉은색 등이 눈으로도 보인다. 이 정도는 보아야 어디 가서 오로라를 보았다고 말할 수 있다. 하지만 진짜는 그다음이다.

1 어안렌즈를 써서 하늘이 전부 나오게 촬영한 사진. 하늘 꼭대기까지 올라간 오로라가 빠른 속도로 움직이는 것이 여신의 드레스 자락이 바람에 날리는 듯하다.

2 오로라 오발이 관측자의 시야 전체를 덮을 만큼 발달하면, 오로라가 밤하늘을 가득 채우면서 밝아지고 그 움직임도 빨라진다.

1

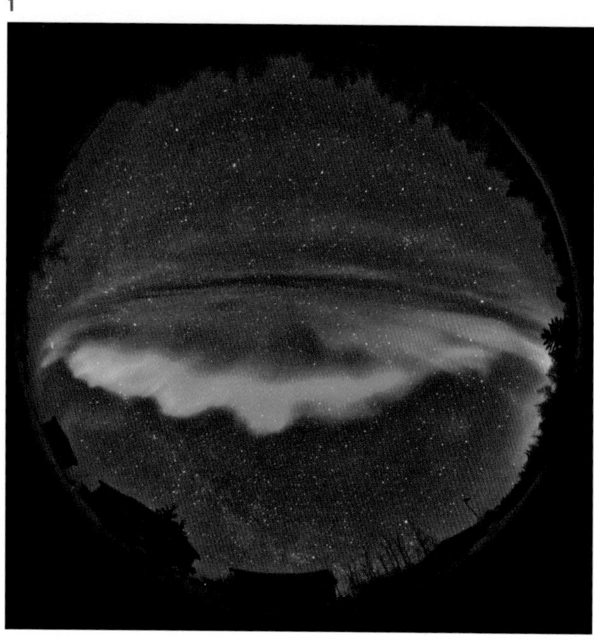

2

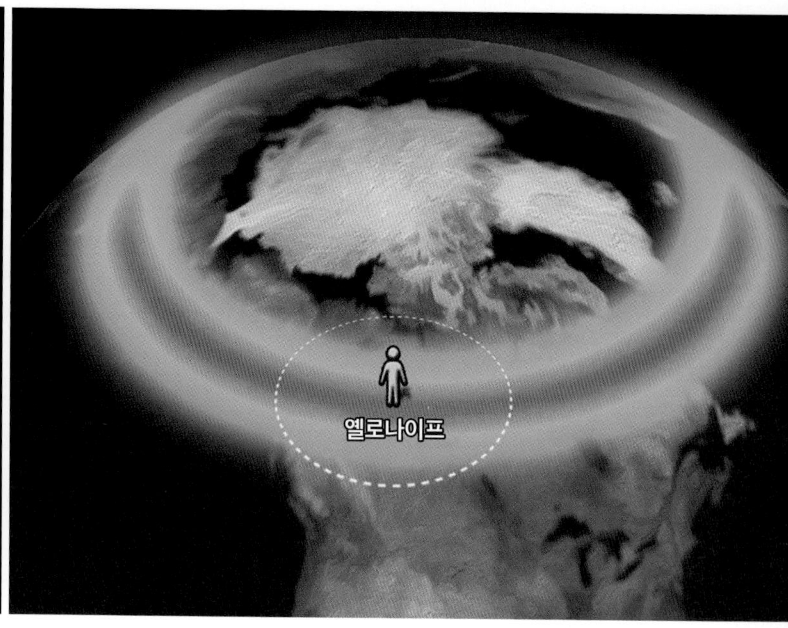

자정쯤, 오로라 오발이 확장해서 관측자가 있는 지역을 덮으면,
머리 꼭대기에서 빛이 쏟아지는 듯한 장관을 보게 된다.

에노다 로지*Enodah lodge*, 2012년 10월

달빛이 빛나는 호수 위로 오로라가 드리웠다. 바람이 고요한 가을밤에는 물에 반영이 생긴다. 이 사진을 촬영하던 날, 물 위로 수달 같은 동물이 지나가는 것을 보았고 호기심 많은 여우가 5m 앞까지 다가왔다.

프렐류드 호수 *Prelude lake*, 2011년 9월

오로라의 세로무늬가 빠른 속도로 떨리는 것이 꼭 하늘에 피아노 건반을 걸어놓고 '프레스토(Presto, 매우 빠르게)'로 연주하는 것 같다.

오로라 빌리지*Aurora village*, 2013년 3월

오로라의 결이 선명하게 보인다.
이 결을 따라 빛이 쏟아지듯 빛난다.

오로라 빌리지 *Aurora village*, 2015년 3월

달빛 아래 나무 숲 사이로 티피들이 늘어섰다. 구도를 잡고 기다렸는데, 결국 그 방향에서 오로라가 춤을 추기 시작했다.

오로라 빌리지 *Aurora village*, 2015년 3월

오로라가 머리 꼭대기에서 쏟아지듯 춤추는 날도 있다.
빛살이 사방으로 뻗어 나오는 것이 신비롭다.

오로라 빌리지 *Aurora village*, 2015년 3월

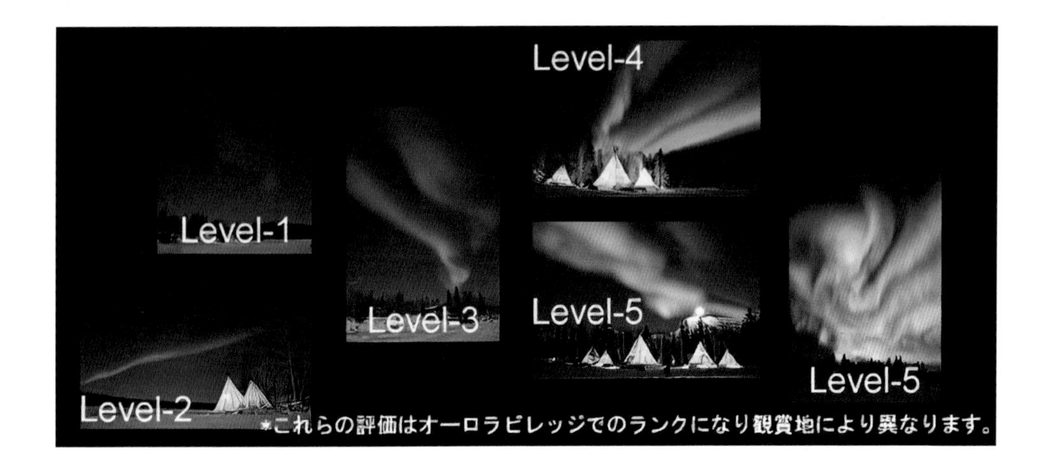

오로라의 등급

오늘 뜬 오로라가 어느 정도로 대단한 것이었는지 객관적으로 평가하는 등급도 존재한다. 캐나다 옐로나이프의 오로라 빌리지에서는 날마다 그날의 오로라를 레벨 1에서 5까지로 표기하여 홈페이지에 사진과 함께 올려두고 있다.

레벨 1 오로라가 약하게 나타나 육안으로 보이는 사람과 보이지 않는 사람이 있다.

레벨 2 오로라의 움직임이 정체되어 있고 선명하지 않으나 오로라를 확인할 수 있다.

레벨 3 오로라가 누구에게나 보이고 다소의 움직임도 확인할 수 있다.

레벨 4 밝고 선명한 오로라가 보이고, 움직임이 있는 오로라를 확인할 수 있다.

레벨 5 움직임이 활발한 오로라 댄싱을 볼 수 있고, 오로라 폭풍도 볼 수 있다.

오로라 폭풍, 그 경이로움에 대하여

오로라는 밝을수록 움직임도 빠르다. 춤추는 듯 움직이던 오로라가 갑자기 밝아지면서 폭풍처럼 휘몰아칠 때가 있다. 오로라의 형광빛이 밤하늘을 가득 채우면서 갑자기 환하게 밝아지는데 그 빛으로 책을 읽을 수 있을 정도다. 하얀 눈으로 덮인 대지도 그 빛에 공명하여 온 세상이 같이 빛난다. 그 신비로운 빛 가운데에 서 있으면 동화 속 이상한 나라에 온 것 같은 환상에 빠지게 된다. 태양에서 날아온 우주의 입자들이 대기권과 충돌하며 퍼져나가는 형형색색의 빛들의 떨림을 보노라면 가슴도 덩달아 떨린다. 밤하늘에 펼쳐진 여신의 드레스 자락을 보고 있는 느낌이랄까.

오로라 폭풍이라고 불리는 이 격렬한 오로라 활동은 수 분에서 수십 분 동안 짧게 지속된다. 영어로는 브레이크 업Break-up 또는 오로라 스톰Aurora storm이라고 부르기도 한다. 맨눈으로도 색을 느낄 수 있을 만큼 충분히 밝기 때문에 형형색색의 빛이 밤하늘을 물들이는 것을 볼 수 있다. 특히 가장 밝은 부분이 핑크색으로 빛난다.

오로라 폭풍이 이전 단계의 오로라와는 밝기나 격렬한 움직임에서 차원이 다른 모습을 보여주는 것은, 발생 원인이 조금 특별하기 때문이다. 지구 자기권에 에너지가 쌓이다가 어느 순간 스파크가 튀듯이 방출되는 '오로라 서브스톰Substorm' 현상이 일어나는데, 그 결과로 오로라 폭풍이 발생한다.

내가 본 것이 오로라 폭풍일까 아닐까 물어볼 필요가 없다. 가슴이 먼저 반응하기 때문이다. 이 상황이 되면 대개 입에서 자연스레 신음과 비명이 섞인 소리가 나오고 눈물을 흘리는 사람들도 많다. 인간이 자연에서 느낄 수 있는 최고의 경이로움으로, 오로라를 보러 다니는 사람들은 오늘 밤에도 오로라 폭풍을 만나기를 간절히 기대하지만 그리 쉽게 볼 수 있는 현상은 아니다.

오로라 빌리지로 들어가는 길에 갑자기 오로라가 밝아지기 시작했다.
갑자기 시작해서 정신 차리기도 전에 끝나버렸다.

카시디 포인트 *Cassidy Point*, 2016년 12월

배경에 별이 많이 보이면 약한 오로라다. 맨눈으로 보면 붉은색은 희미해서 거의 느낄 수 없다.

오로라 빌리지*Aurora Village*, 2013년 3월

갑자기 오로라가 밝아지면서 밤하늘을 가득 채우는 오로라 폭풍이 발생하면 흰 눈이 오로라의 형광빛으로 물들어 같이 빛난다.

오로라 빌리지 *Aurora village*, 2013년 3월

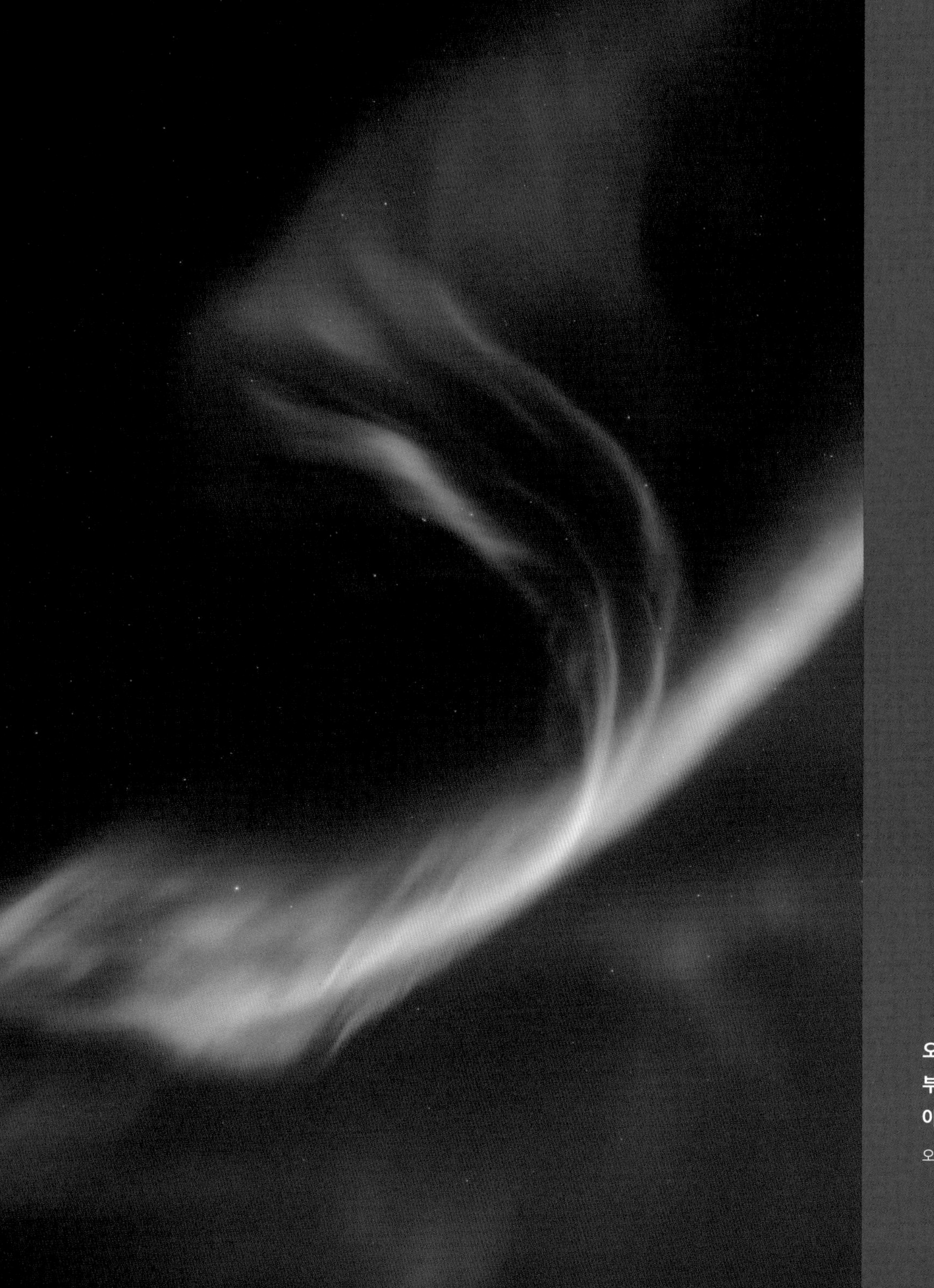

오로라 폭풍의 순간, 가장 밝은 부분이 핑크색으로 물들며 휘몰아치고 있다.

오로라 빌리지*Aurora village*, 2018년 2월

오로라가 갑자기 폭발하듯 밝아지며 온 세상이 오로라의 빛으로 가득 찼다. 오로라 폭풍이 시작되면 카메라 노출로 6~7스톱, 그러니까 100배 정도 갑자기 밝아지기도 한다.

에노다 로지 *Enodah lodge*, 2011년 2월

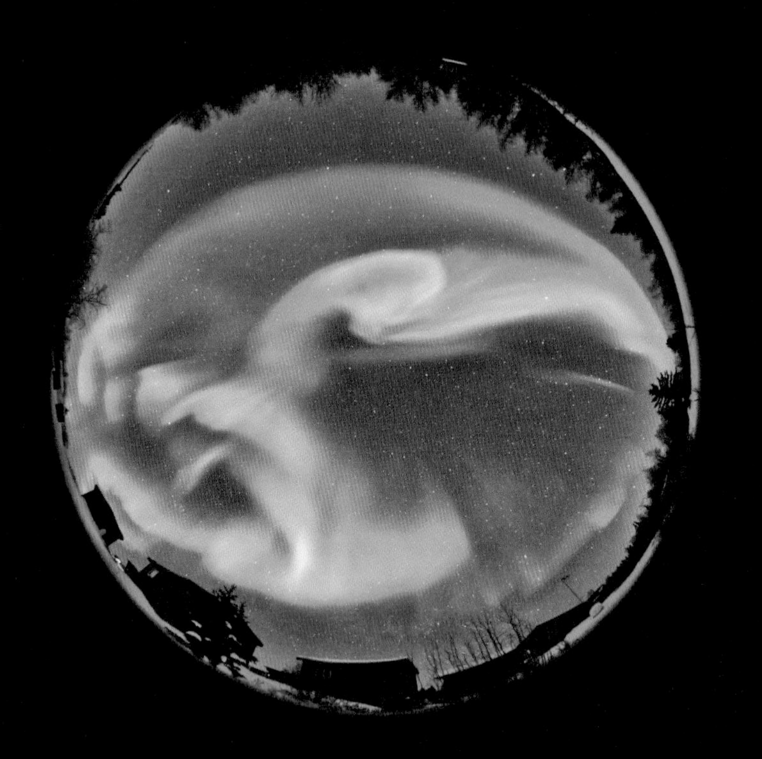

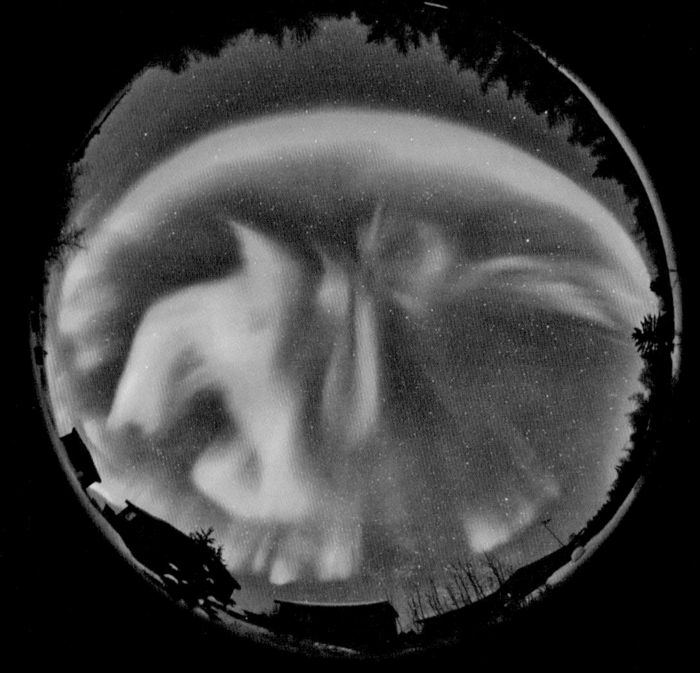

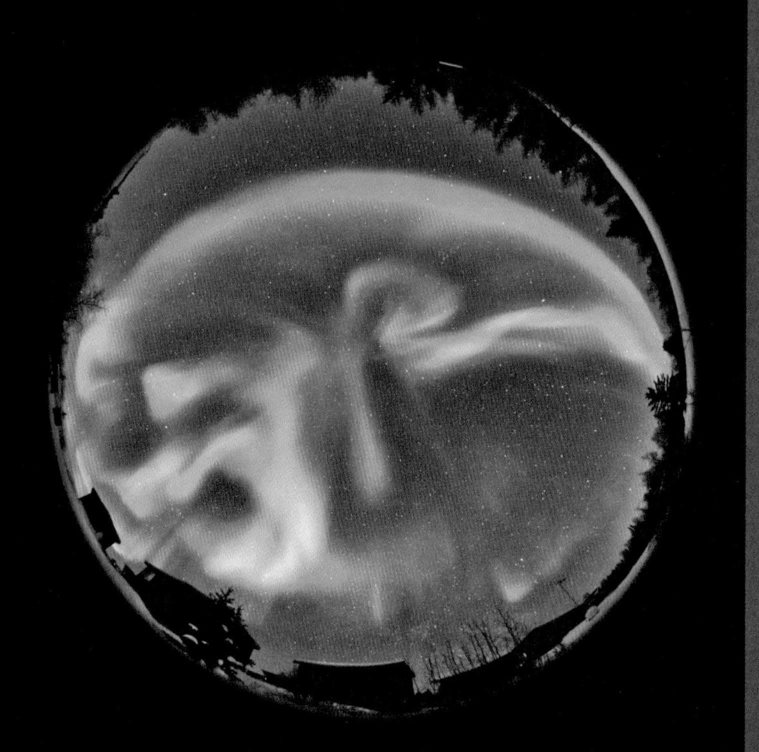

밤하늘 전체를 물들이는 오로라 폭풍을 어안렌즈로 담았다. 30초 간격으로 촬영한 것인데도 이렇게 변화가 크다. 움직임이 굉장히 빠르다는 것을 알 수 있다.
이 사진은 미리 세팅되어 자동으로 작동하고 있던 카메라로 촬영된 것이다. 카메라 두 대를 이렇게 설치해두고 한 대는 직접 들고 찍고 있었는데, 갑자기 밝아지면서 온 하늘이 오로라로 꽉 차며 빛이 쏟아지기 시작했다. 가슴이 떨려서 사진을 찍을 수가 없었다. 미리 설치해둔 카메라가 없었다면 이 장면을 남기지 못했을 것이다.
이 사진은 2010년 미국 NASA의 오늘의 천체사진 APOD; Astronomy Picture of the Day에 선정되었다.

에노다 로지*Enodah lodge*, 2011년 2월

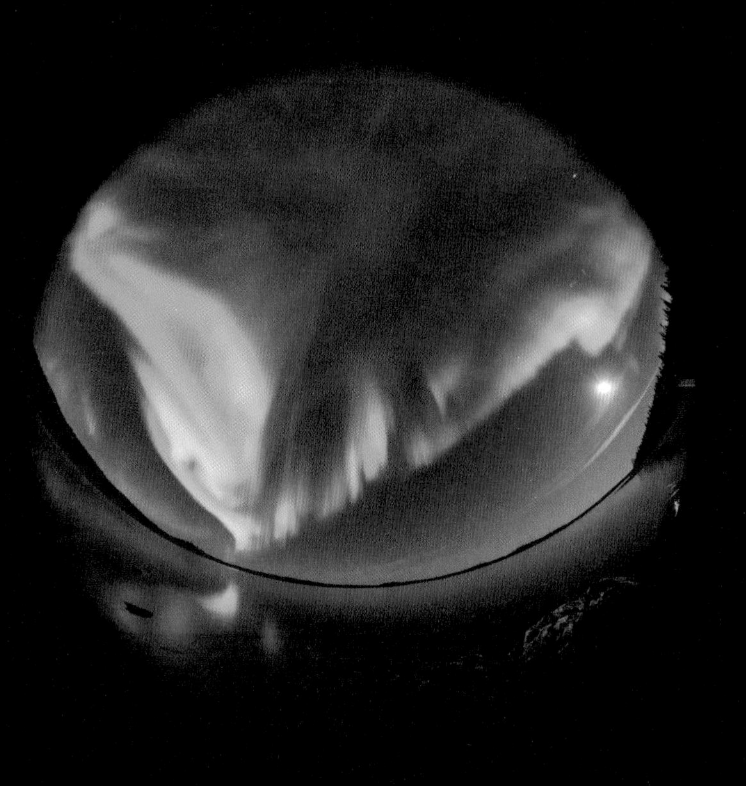

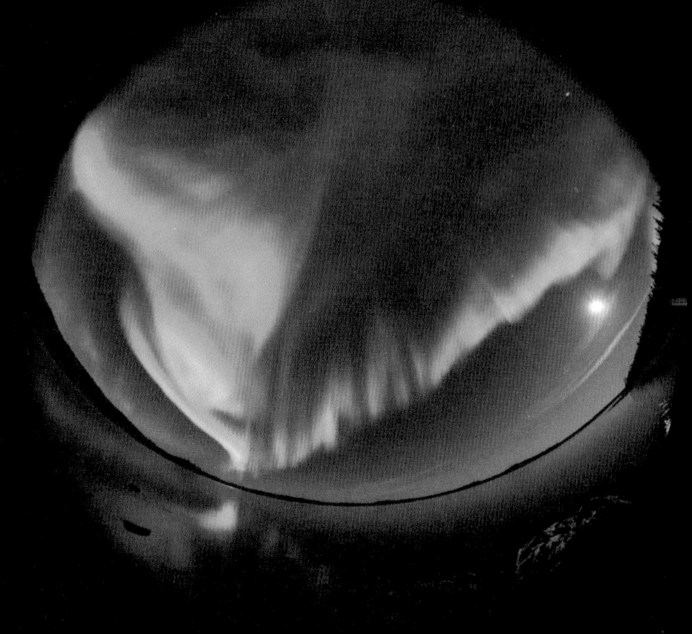

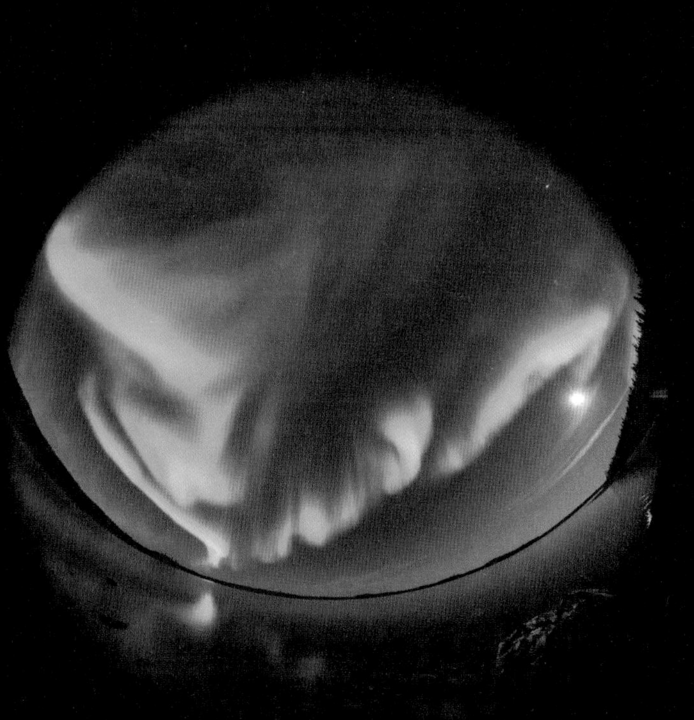

오로라는 주로 초록색인데, 드물게는 빨강, 파랑, 보라, 핑크색의 오로라를 볼 수 있다. 이는 태양에서 온 전기를 띤 입자들의 에너지 상태에 따라, 이들이 대기권의 어떤 원소들과 반응하는가에 따라 서로 다른 빛이 나오기 때문이다.
이 날은 이 모든 색을 다 보았다. 색색의 알갱이가 빛을 뿌리며 퍼져나가는 것처럼 보였다. 여신의 드레스 자락이 활짝 펼쳐지는데, 그 결의 하나하나까지 보이는 그런 느낌?

프렐류드 호수 *Prelude lake*, 2011년 9월

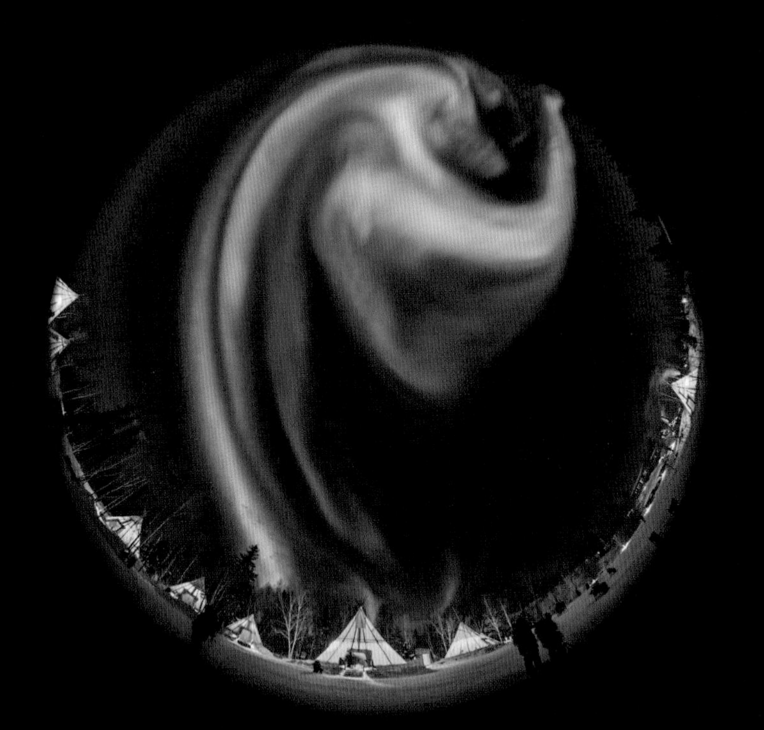

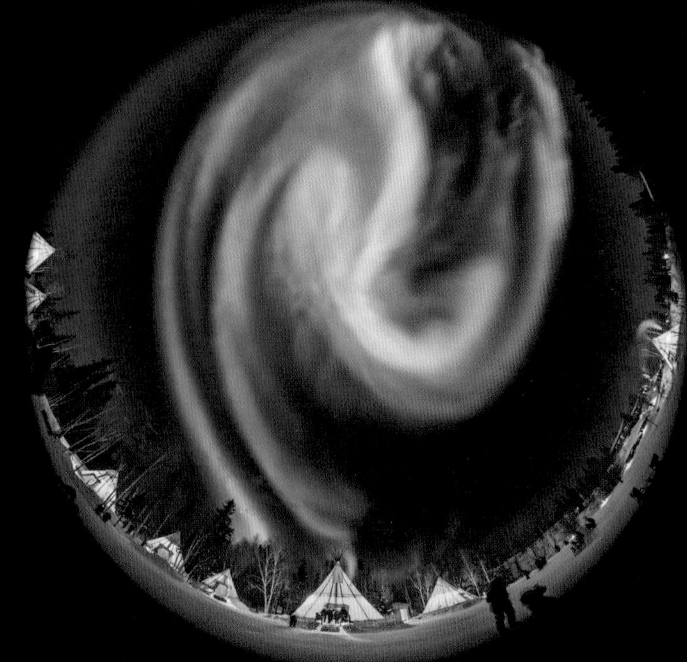

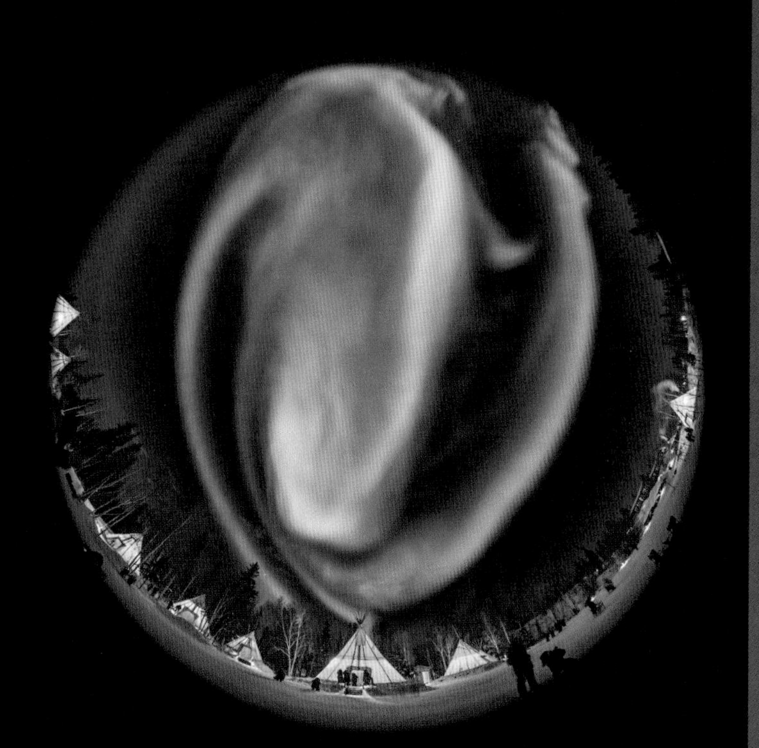

다큐멘터리 〈오로라 헌터〉 촬영으로 열흘 일정으로 방문했는데, 날씨가 좋지 않아 제대로 찍은 게 없었다. 떠나는 날 아침, 비행기를 타러 가야 할 시간이었는데, '꾼의 감'이라는 게 있어 차마 발이 떨어지지 않았다. 하늘에서 뭔가 일어나리라는 감. 결국 혼자서 돌아가는 비행기를 취소하고 눌러앉았는데, 그날 온 하늘을 가득 채우는 아름다운 핑크빛 오로라를 만났다. 위에 15초 간격으로 촬영된 사진을 보면 핑크색의 빛이 폭발적으로 퍼져나가는 것을 볼 수 있다. 해가 저물면서 바로 오로라가 보이기 시작해서 밤새 오로라 폭풍이 몇 번을 터졌는지 기억도 안 날 정도로 짜릿한 밤이었다.

오로라 빌리지 *Aurora village*, 2013년 3월

왼쪽의 장면을 일반 렌즈로 촬영한 사진이다.
티피 위로 핑크색 오로라가 펼쳐졌다. 오로라 폭풍에서
특징적으로 볼 수 있는 색이 바로 선명한 핑크다.

오로라 빌리지*Aurora village*, 2013년 3월

◀

그날 밤 하늘이 수상하더니, 결국 오로라 폭풍이 휘몰아치기 시작했다.

오로라 빌리지*Aurora Village*, 2015년 3월

▷

같은 날 동영상으로 촬영한 것이다. 오로라가 폭발하듯 퍼져나갔다.

오로라 빌리지*Aurora Village*, 2015년 3월

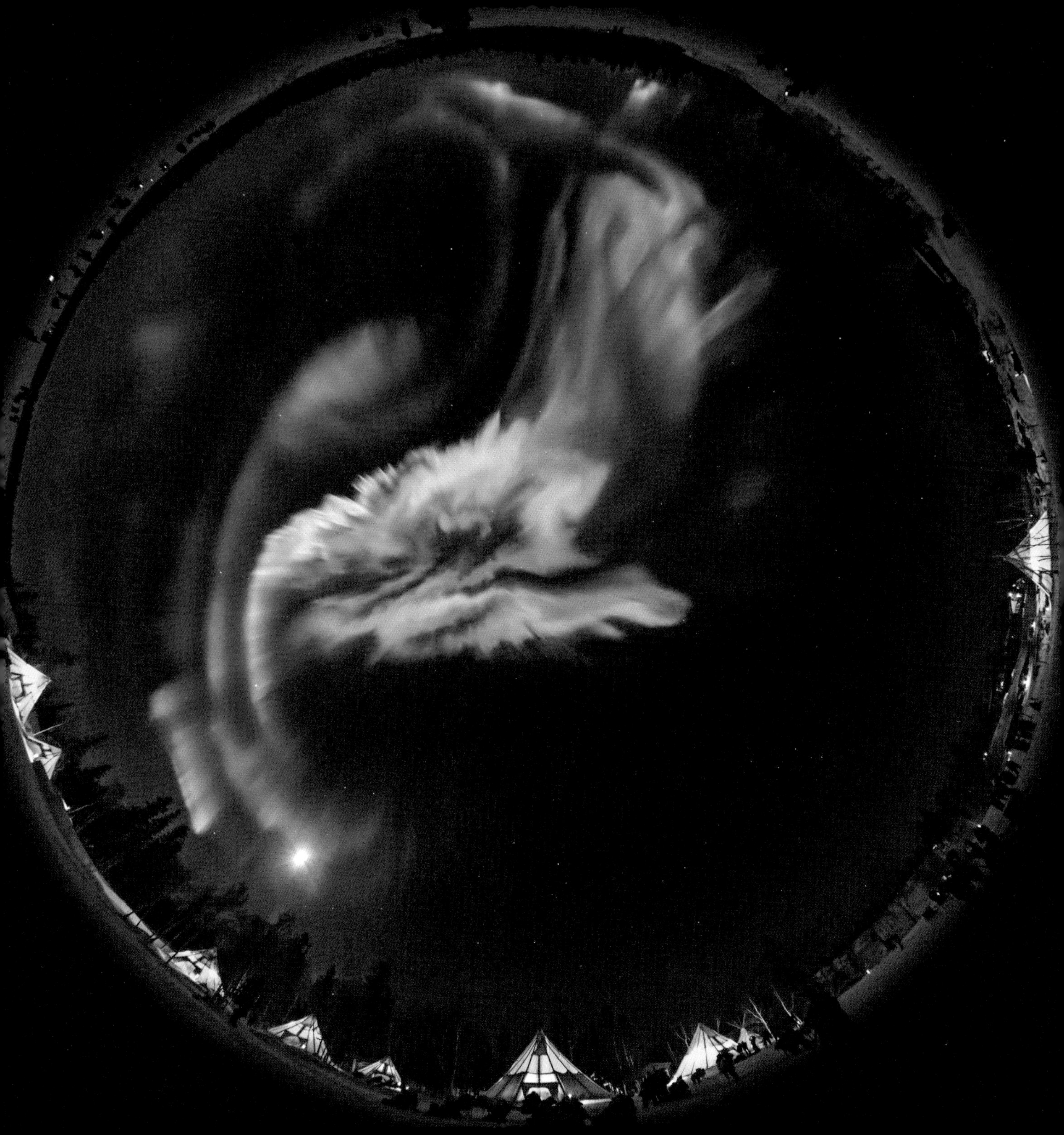

절정의 순간이 되면 머리 꼭대기에서 오로라가 사방으로 그 빛을 쏟아낸다. 이런 오로라를 코로나 Corona **또는 크라운**Crown **이라고 부른다.**

오로라 빌리지*Aurora Village*, 2015년 3월

이런 빛들이 하늘 가운데서 아래로 쏟아질 때 촬영하면, 북두칠성이 같이 촬영되는 경우가 많다. 극지방이라 북두칠성과 북극성이 머리 꼭대기 방향에 있기 때문이다.

오로라 빌리지*Aurora Village*, 2015년 3월

오로라 폭풍에서 절정의 순간이 지나가고 나면 하늘 전체가 옅은 오로라 빛에 덮이고 부분 부분 밝은 빛들이 보인다. 큰불이 난 뒤에 잔불이 여기저기 남아 있는 것 같은 모습이다.

오로라 빌리지*Aurora Village*, 2016년 4월

생애 최고의 오로라

며칠 전 발생한 태양 흑점 폭발로 고위도 지역에 오로라 경보가 뜬 상황. 운 좋게도 옐로나이프에 와 있었으나 하늘은 무심하게도 비를 뿌리고 있었다. 인터넷으로 확인할 수 있는 NOAA해양대기청, National Oceanic and Atmospheric Administration의 오로라 오발 상태는 나도 현지에서 실시간으로는 처음 보는 Activity level 10. 최댓값이다. 저 붉게 타오르는 듯한 띠를 보니, 구름 덮인 하늘이 야속하기만 했다.

일기예보는 밤새 흐림에 비가 올지 모르는 거의 가망 없는 상태인데, 갑자기 하늘이 좀 개는 것 같아 가까운 호숫가에 나갔다. 구름 사이로 별들이 하나둘씩 보이고 오로라 커튼이 구름 사이를 비집고 펼쳐지기 시작하더니 이내 온 하늘을 덮고 너울거린다. 정신없이 사진을 담다가 좀 잦아드는 것 같기에 더 어두운 곳으로 옮기자고 차를 몰고 달리는데, 갑자기 하늘에서 밝은 빛이 쏟아지기 시작하는 것이 보였다. 급히 차를 그냥 길가에 세웠는데, 하늘에서는 이미 뭔가가 벌어지고 있었다.

마음이 다급하니 차 문도 제대로 못 열고, 그러니 같이 있던 일행들은 다들 소리 지르고 한바탕 난리였다. 차에서 내려 하늘을 보니 나도 처음 보는, 말로 표현할 수 없는 오묘한 초록, 핑크, 빨강 등이 섞인 오로라의 빛이 폭발하듯 머리 꼭대기에서 소용돌이치며 쏟아지기 시작했다.

잠깐 고민했다. 카메라를 꺼내야 하나 말아야 하나. 카메라 꺼내고 설치하는 데 시간이 걸릴 텐데, 지금 꺼내봐야 사진도 제대로 못 찍고 눈으로도 제대로 못 볼 것 같았다. 과감히 사진은 포기하고 그냥 눈으로만 감상했다. 하늘에서 한창 난리가 나면, 카메라 조작하느라 고개를 처박고 있어도 주변이 밝아지는 게 느껴진다. 그럴 때는 내가 지금 뭐 하는 짓인가 하는 생각이 든다. 그날 사진을 포기한 것은 적절한 선택이었다. 이제까지 본 것 중 최고의 오로라 폭풍이었다. 비록 사진은 없지만, 온전히 감상에 집중할 수 있어서 최고의 순간으로 기억되고 있다. 정말 중요한 게 무엇인지 깨달았던 밤이다.

◀

한동안 멍하니 있다 정신 차리고 끝물에 사진을 좀 찍었다. 나무 위로 달이 떠 있는데, 오로라의 밝기가 그 못지않다.

잉그러햄 고속도로*Ingraham Trail* 옆 작은 호수, 2012년 10월

▷

한바탕 빛의 소용돌이가 지나가고 난 뒤, 정신을 차리고 카메라를 꺼내 들었다. 그러나 아까 같은 장관은 다시 오지 않았다.

잉그러햄 고속도로*Ingraham Trail* 옆 작은 호숫가, 2012년 10월

11년마다 찾아오는 오로라의 극대기

태양의 활동 주기

오로라는 태양에서 오는 입자들로 인해 발생하는 현상이므로, 태양의 활동에 따라 주기가 있다. 인류가 태양을 체계적으로 관측해온 것은 갈릴레이 시대 이후로 약 400년 정도가 되었다. 현재까지 알려진 것은 11년의 활동 주기이다. 태양의 활동이 11년을 주기로 약해졌다 강해지기를 반복하는 것이다. 태양 활동의 극대기가 되면, 표면에 흑점이 많이 보인다. 흑점은 주변보다 온도가 낮아서 검게 보이는데, 강한 자기 활동을 보이는 영역이다. 태양 표면의 일반적인 온도인 6,000도보다 낮다고는 하지만 4,000~5,000도나 되는 고온이며, 작은 점으로 보이지만 대개 그 안에 지구가 들어갈 만큼 크다.

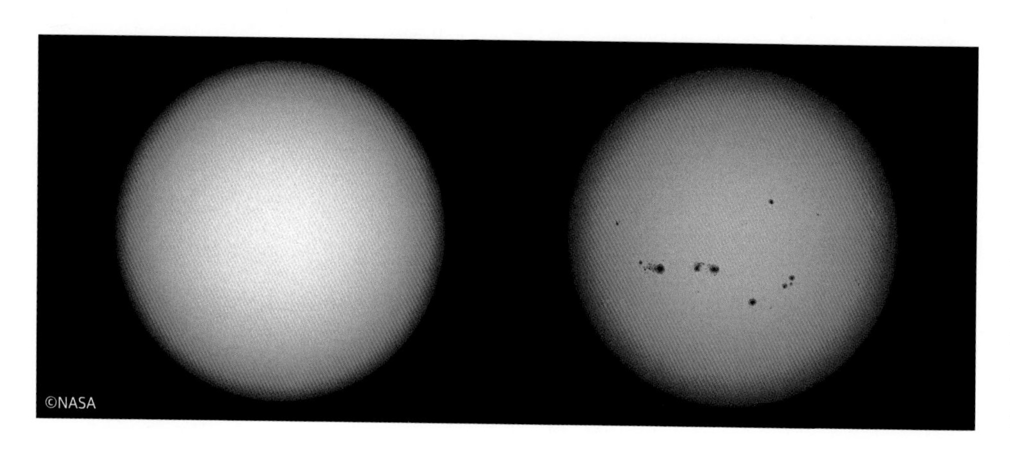

©NASA

극소기(왼쪽)에는 흑점이 아예 안 보이기도 하지만, 극대기(오른쪽)가 되면 여러 개를 볼 수 있다. 일출이나 일몰 시에 맨눈으로 보이기도 한다.

흑점 폭발 사진. 지구의 크기와 비교해보면 그 엄청난 규모를 짐작해볼 수 있다.

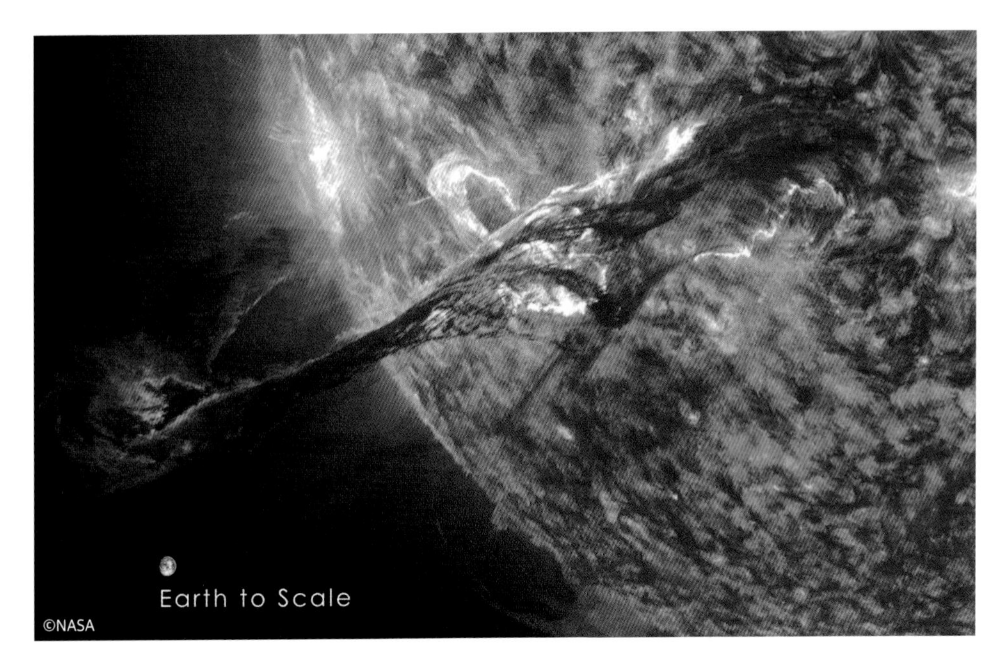

태양 흑점 폭발과 오로라

최근 태양 흑점의 수는 2014~2015년 최대치를 찍고 서서히 감소했다가, 2019년에 최소치를 기록한 후 다시 점점 증가하고 있다. 태양 흑점이 많으면 그만큼 태양 활동이 활발하다는 것이고 더 많은 입자들을 방출하기 때문에 오로라도 더 자주, 더 강하게 볼 수 있게 된다. 특히 태양의 표면에서 흑점 폭발이 발생하면 X선, 자외선과 같은 빛뿐만 아니라 태양의 대기에 있던 전자, 양성자, 헬륨 등의 고에너지 입자들을 우주에 쏟아낸다. 이를 '코로나 물질 방출CME; Coronal Mass Ejection'이라고 부른다.

이 입자들이 1~3일이면 지구에 도달해서 전기, 통신 장애나 GPS 신호 교란 등의 피해가 발생할 수 있다. 1989년 3월에는 캐나다 퀘벡주에서 9시간 동안 대정전을 겪었고, 미국의 기상위성은 몇 시간 동안 통신이 두절되기도 했다. 이런 크고 작은 피해가 발생하는 대가로 우리는 매우 화려한 오로라의 빛들이 밤하늘에 작렬하는 것을 볼 수 있게 된다.

오로라 관측의 최적기

그렇다면 태양 흑점의 극대기가 오로라 관측의 최적기일까? 당연한 이야기다. 극대기 전후로 몇 년 동안은 태양 활동이 매우 활발히 유지된다. 이때가 오로라를 보기 가장 좋은 시기다. 특히 오로라 폭풍이 극소기에 비해 자주 일어난다. 극대기에는 태양 흑점 폭발 뉴스가 심심찮게 나오기 때문에 운 좋게 이럴 때 오로라를 보러 가게 되면 평생 잊지 못할 추억을 남길 수 있을 것이다.

어떤 오로라 전문가들은 태양 흑점 극대기에서 2~3년 뒤에 코로나 홀Coronal Hole이 더 많이 발생하기 때문에 오로라의 극대기는 태양 흑점 극대기보다 몇 년 뒤에 나타난다고 이야기하기도 한다. 오로라의 신비는 아직 다 풀린 것이 아니기 때문에 아직도 많은 학자들이 연구를 계속하고 있다.

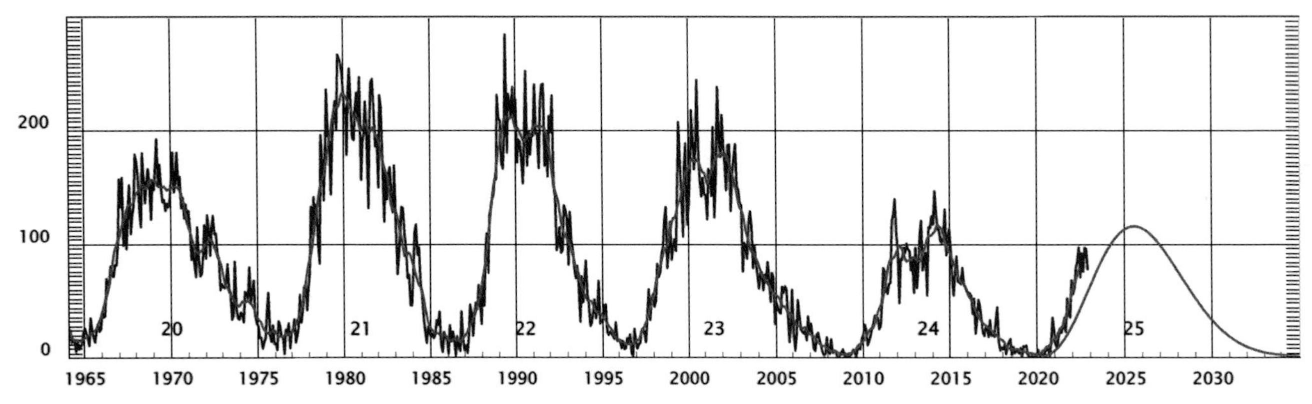

태양 흑점의 11년 주기 변화. 이번 극대기는 2024~2025년으로 예상된다. ©NOAA

극소기에는 한 달에 한 번 볼까 말까 한 오로라 폭풍을, 극대기에는 일주일에도 여러 번 보기도 한다.

잉그러햄 고속도로 *Ingraham Trail* 옆 작은 호수, 2012년 10월

오로라는 태양의 11년 활동 주기에 맞추어 극대기와 극소기가 반복된다. 지난 주기 최대의 흑점 폭발이 있고 나서, 2주 동안 오로라 폭풍이 밤마다 나타났다. 오로라가 굽이치며 머리 꼭대기에서 빛이 쏟아지는 것처럼 보였다. 이 거대한 빛의 너울거림 앞에 서면 평생 잊지 못할 감동을 받게 된다.

오로라 빌리지*Aurora village*, 2015년 3월

극대기의 춘분과 추분을 전후해서 매우 강력한 오로라가 나타나는 경향이 있다.

오로라 빌리지*Aurora Village*, 2015년 9월

달빛과 오로라

나름 별 좀 봤다는 사람들이 궁금해하는 것이 어떤 월령에 오로라를 보기 좋은가 하는 것이다. 달이 어떤 상태일 때 오로라를 보러 가는 게 좋겠냐는 건데, 처음 눈으로 볼 때에는 달이 없을 때가 좋다. 특히 달이 없는 겨울밤에 오로라 폭풍을 만나면 주변 대지를 덮고 있는 눈에 오로라 빛이 반사되어 갑자기 확 밝아지며 빛으로 샤워하는 느낌을 받을 수 있다.

달은 밤의 지배자다. 보름달을 별의 등급으로 환산하면 −12.9등급으로, 가장 밝은 별인 시리우스(-1.44등급)보다도 4만 배 가까이 밝다. 망원경으로 달을 관측할 때에는 너무 밝아서 그 밝기를 줄여주는 장치를 쓰기도 한다. 이렇게 밝은 달이 뜨면 그 빛에 별들이 묻힌다. 은하수 같은 희미한 대상은 보기 어려워진다. 그래서 망원경을 이용하여 밤하늘을 관측하는 사람들은 주로 달이 없는 날을 선호한다. 오로라는 밝은 편이어서 그나마 낫지만 달이 없는 밤에 볼 수 있는 압도적인 느낌은 덜하다.

풍경이 있는 밤하늘을 촬영할 때는 달이 약간 있는 것이 좋다. 빛이 너무 없으면 배경이 드러나지 않기 때문이다. 나는 은은한 달빛을 선호한다. 달이 없는 칠흑 같은 밤하늘은 너무 어두워서 사진이 칙칙하게 나온다. 꼭 사진 때문이 아니더라도 달이 없으면 너무 어두워서 랜턴을 켜지 않고 돌아다니기 어렵다. 달빛은 배경 밤하늘을 아름다운 푸르스름한 빛으로 만들어준다. 겨울에는 달빛이 약간만 있어도 눈밭에 반사되어 온 세상이 환하다. 여름철에는 달빛이 좀 있어도 숲속 나무와 풀들이 세부적으로 드러나진 않기에 조금 더 달이 차오를 때가 좋다.

방송국에서 출연자와 함께 오로라를 동영상으로 담아야 한다면 밝은 달빛의 도움이 필요하다. 달빛이 없으면 별도의 조명을 써야 출연자의 표정을 담을 수 있는데, 밤에 조명을 쓰면 아무래도 부자연스럽다. 목적이 무엇인가에 따라 적절한 월령을 선택하자.

달 위로 오로라가 굽이치고 있다. 성냥 머리에서 불 붙는 것 같은 모양이다.
달이 매우 밝기 때문에 오로라가 상대적으로 희미하게 보이게 된다.
대신 주변 풍경은 잘 드러난다.

프렐류드 호수 *Prelude Lake*, 2011년 9월

달빛 아래 춤추는 오로라. 대지를 덮은 흰 눈, 그리고 침엽수들.
전형적인 툰드라 지대의 풍경이다.
겨울철에는 눈이 달빛을 받아 밝게 빛난다.

오로라 빌리지 *Aurora village*, 2009년 12월

달빛이 밝은 어느 밤, 부드럽게 너울거리는 오로라가 북쪽 하늘에 드리웠다.
달빛이 강하면 오로라의 대비가 약해지면서 부드러운 느낌을 준다.

오로라 빌리지 *Aurora village*, 2013년 12월

가을철, 호수에 얼음이 얼기 전의 풍경이다. 달빛이 비추면 나무와 숲의 세부가 반영된 모습에서도 잘 보인다.

오로라 빌리지 *Aurora village*, 2012년 10월

생명의 빛, 오로라

죽어버린 행성

지구 이외의 행성에서도 오로라가 관측된다. 목성, 토성 등에서도 양극 지역에 오로라가 나타나는 것을 볼 수 있다. 2015년 NASA는 화성 대기 관측 위성인 메이븐MAVEN이 화성에서도 오로라를 관측했다고 발표했다. 하지만 가시광선이 아닌 자외선으로 인간의 눈으로는 보이지 않는다. 하지만 예전에는 달랐을 수도 있다. 왜 화성에서는 오로라가 보이지 않게 된 것일까?

오로라는 태양에서 방출된 전기를 띤 입자들이 행성의 자기장에 잡혀 이끌려 내려오면서 대기와 반응하여 빛을 내는 것이다. 그러므로 행성에 자기장과 대기가 존재해야 오로라를 볼 수 있다.

1 목성의 오로라
2 토성의 오로라

1

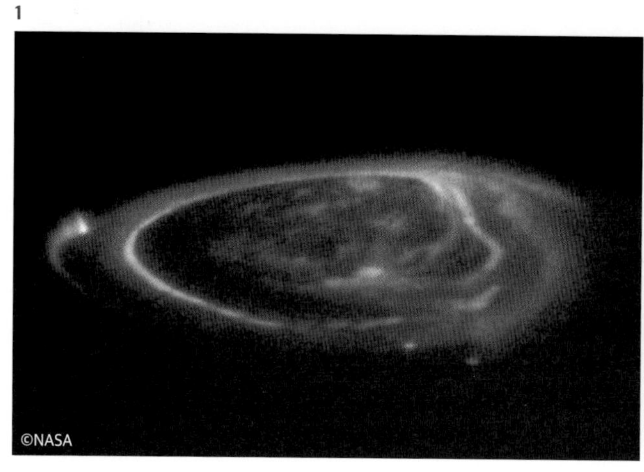

©NASA

2

©NASA

황량하기 그지없는 화성의 표면

화성은 태양계 생성 초기에는 별 부스러기들이 중력으로 뭉쳐지면서 그 에너지로 인하여 내부 핵에 고온의 금속이 녹아 있는 상태로 존재했을 것이다. 여기에서 자기장이 발생하고, 대기가 있으므로 오로라가 보였을 것이다.

하지만 화성은 지구 지름의 약 절반, 질량은 10분의 1밖에 되지 않으므로 내부 핵에 작용하는 압력이 그만큼 낮아서 중심부의 열을 유지하지 못하고 점점 식어갔다. 금속의 핵이 식어 액체 상태에서 고체 상태로 굳어버리면서 화성에는 자기장이 사라졌다. 태양풍을 막아줄 방패가 없어진 것이다. 민들레를 훅 불면 꽃씨가 날리듯이, 화성의 대기는 태양풍의 흐름에 우주로 흩어져버리고 만다. 이제 자기장이 없고 대기도 거의 남아 있지 않으니 오로라도 볼 수 없게 된 것이다. 생명이 살 수 있는 환경도 파괴되어버렸다. 그럼 오로라를 볼 수 있던 먼 옛날에는 생명체가 잠시나마 존재했을까? 적어도 현재까지는 생명체가 존재했다는 증거를 발견하지 못했지만 대기가 풍부했고 물이 흘렀던 흔적이 남아 있기에 NASA 등에서는 꾸준히 생명의 흔적을 찾기 위한 탐사를 계속하고 있다.

오로라는 지구가 살아 있다는 증거

지구는 다행히도 자체의 중력으로 중심부를 고온 고압의 상태로 유지할 수 있기에 자기장이 존재하고, 이 자기장이 지구를 감싸 우주에서 날아오는 고에너지 입자들로부터 보호하고 있다. 지구의 자기장과 대기는 참으로 고마운 존재다. 저 우주에서 날아오는 입자들이 그대로 지표면으로 내리꽂혔다면 지구의 생명체들이 온전할 수 있었을까? 20세기의 태양 활동 극대기 9번 중 6번이 대규모 독감 발병 시기와 일치한다고 하는데, 바이러스 돌연변이의 원인으로 태양에서 오는 방사선을 지목하는 과학자들도 있다. 또한 지금까지 5번의 지구 대멸종 중 첫 번째가 4억 5,000만 년 전 고생대 오르도비스기 대멸종인데, 그 원인으로 인근 별의 초신성 폭발로 인한 감마선이 지목되기도 한다.

지구의 자기장은 관측을 시작한 이래 그 세기가 약 10% 정도 줄어들었다고 한다. 지구도 화성처럼 천천히 식어가는 것인지, 아득히 먼 옛날에 지구 자기장의 역전 현상이 일어났던 것처럼 다시 그때가 된 것인지는 알 수 없다. 어떤 결과든 당장의 우리에게는 별다른 영향이 없더라도 언젠가의 먼 후손들에게는 영향이 있을 수 있다. 이외에도 지구의 생명이 끝날 수 있는 조건은 무수히 많다. 어차피 50억 년 뒤에는 태양이 수명을 다하기 때문에 결국은 지구에서 더 이상 생명이 존재할 수 없게 된다.

아무것도 없는 것처럼 보이는 사막에도 비가 내리면 잠시 꽃이 피고 어디선가 벌레들도 나타났다 사라진다. 우주적인 관점에서 보면 지구의 생명들과 인류의 문명도 마찬가지 아닐까. 사막과도 같은 광대한 우주, 그 변두리 어딘가의 작은 별에 붙어 있는 아주 작은 행성에서 우연히 모든 조건이 맞아떨어졌다. 물이 액체 상태로 존재하는 온도, 숨 쉴 수 있는 대기와 외부의 고에너지 입자로부터 보호해주는 자기장 등. 그러자 우연인지 필연인지 생명체가 나타났고, 언젠가 다시 사라질 것이다. 사막에 피는 꽃이 건기가 되면 사라지듯이.

오로라의 황홀한 빛은 지구가 살아 있다는 증거이고, 생명이 살아 숨 쉴 수 있다는 증거다. 먼 훗날 언젠가 다른 우주에서 생명체를 발견한다면 그 행성에서도 오로라가 보일 것이다.

에노다 로지의 지붕, 풍향계 위로 오로라가 보인다.
풍향계와 오로라의 모습이 묘하게 비슷한 느낌을 준다.

에노다 로지 *Enodah lodge*, 2011년 9월

오로라 예보와 실시간 관측자료

오로라 예측이 굳이 필요할까? 개정판을 내면서 뺄까 말까 고민했던 부분이다. 어차피 멀리까지 가서 며칠 못 있다 오는 여행자들은 매일매일 최선을 다할 수밖에 없다. 그러니 이 글은 참고만 하시라. 현지에 가서는 일기 예보, 오로라 예보, 볼 필요 없다. 언제나 예측 불가능한 영역이 있으니 마지막까지 기다려보자.

〈오로라 헌터〉 다큐멘터리를 촬영할 때의 일이다. 여행객 40명 정도가 같이 갔다. 나흘 밤 동안 오로라를 보는 일정이었는데, 마지막 날까지 내내 흐렸다. 오로라는커녕 별도 보지 못했다. 지지리도 복이 없다는 그 2%, 오로라의 성지 옐로나이프에서도 오로라를 못 보고 가는 그 2%에 들어가는 게 거의 확정적인 상황이었다. 그것도 40명이 단체로!

마지막 날 아침 일찍 비행기를 타야 했기 때문에 남은 시간이 정말 1시간밖에 없었다. 일기 예보대로 하늘에 구름이 가득했다. 그런데 자정쯤 갑자기 구름 사이로 틈이 나기 시작하더니 별들이 얼굴을 내밀었다. 어느새 맑아진 하늘에 오로라가 춤을 추기 시작하더니 오로라 폭풍으로 바뀌었다. 너무나 극적인 상황에 다들 울고불고 난리였고, 이 상황이 그대로 촬영되어 다큐멘터리로 방송되었다. 끝나기 전까진 끝난 게 아니었다.

오로라 예보

태양에서 방출된 빛은 초속 30만 km의 속도로 8분이면 지구에 도착한다. 하지만 오로라의 원인이 되는 고에너지 입자들은 대개 초속 수백 킬로미터의 속도로 4~5일 정도 지나야 지구에 도

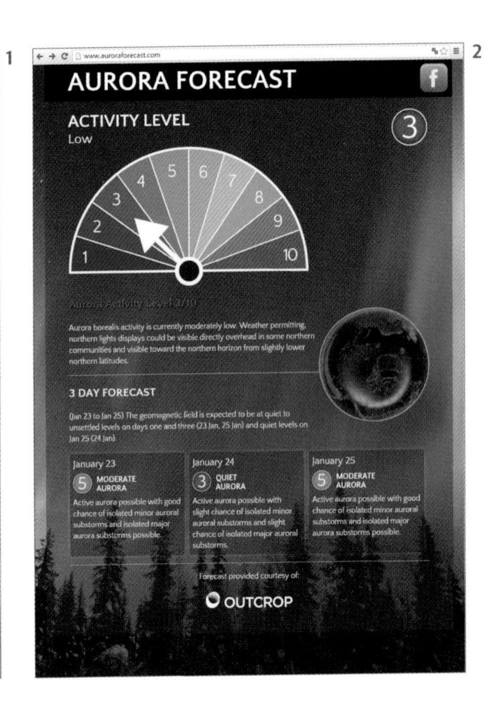

대표적인 오로라 예보 사이트

1 www.gi.alaska.edu/auroraforecast

2 www.auroraforecast.com

달한다. 이 속도는 태양에서 방출될 때의 에너지 상태에 따라 달라지는데 태양 흑점 폭발이 발생하는 경우 초속 1,000km 이상의 속도로 하루 이틀이면 지구에 도달한다. 번개가 칠 때 곧이어 천둥소리가 들릴 것임을 알듯이, 태양을 지속적으로 관찰하면 입자들이 언제 얼마나 지구에 도달할지 어느 정도는 예측할 수 있다. 이런저런 태양 활동을 근거로 오로라를 예보하는 사이트들이 있다. 스마트폰 앱에서도 'Aurora Forecast'로 검색해보면 꽤 많은 앱들이 나온다.

하지만 예보가 절대적으로 맞는 것은 아니다. 일기 예보가 잘 맞지 않는 경우가 있는 것과 마찬가지다. 오히려 일기 예보가 더 잘 맞는 수준이다. 왜냐하면 오로라 관측에는 태양에서 오는 입자들뿐만 아니라 지구의 자기장이나 대기의 구성, 날씨와 같은 여러 변수들이 복잡하게 얽혀 있기 때문이다. 그러니 오로라 예보는 참고로만 여기는 것이 좋다.

하지만 예보가 거의 틀리지 않을 때도 있다. 일기 예보에서도 태풍이 북상하면 당연히 비가 오고 바람이 심하게 불 것임을 알 수 있듯이, 태양 흑점 폭발이 일어나면 어김없이 오로라가 장관을 이루게 된다. 미국 NOAA해양대기청에서는 매일 태양의 흑점 활동을 관찰해 1단계인 '일반(Minor)'부터 최고인 5단계 '심각(Extreme)'으로 나눠 경보를 발령하고 있고, 국내에서는 방송통신위원회의 국립전파연구원과 한국천문연구원에서 모니터링을 하고 있으며 기상청에서도 우주 날씨를 '일반'부터 '심각'까지 분류해서 알리고 있다. 흑점이 폭발했다는 뉴스가 나오면 환상적인 오로라를 맞을 준비를 해야 한다.

실시간 인공위성 관측 자료

미국 NOAA에서는 지구의 극궤도를 도는 인공위성들로 오로라 오발의 상태를 관측하여 실시간 관측 자료를 제공하고 있다. 이 자료를 보면 현재 오로라를 볼 수 있는 지역들이 어디고, 오로라가 얼마나 강하게 나타나고 있는지 실시간으로 알 수 있다.

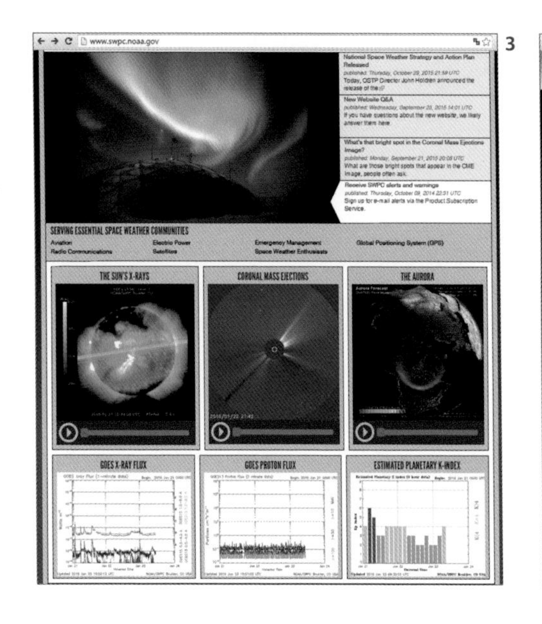

3

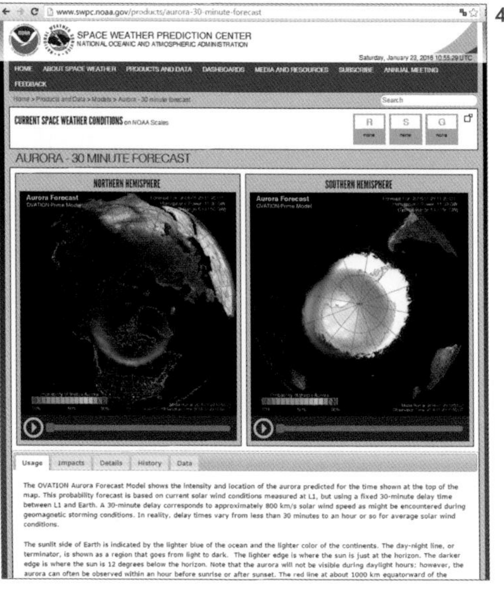

4

실시간 인공위성 관측자료

3 www.swpc.noaa.gov
4 www.swpc.noaa.gov/products/aurora-30-minute-forecast

실시간 전천 카메라 영상

지상에 전천 카메라를 설치해서 현지의 실제 밤하늘을 인터넷으로 중계하기도 한다. 'Aurora live cam'으로 검색해보면 북극권에 동네마다 많다.

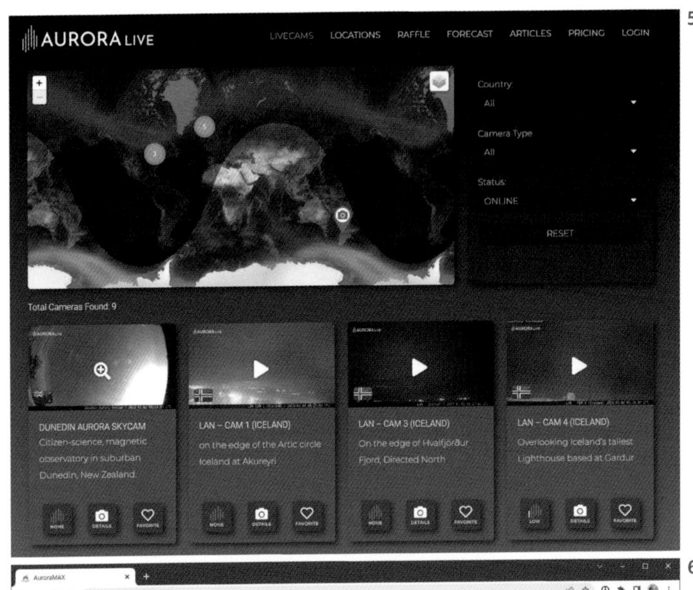

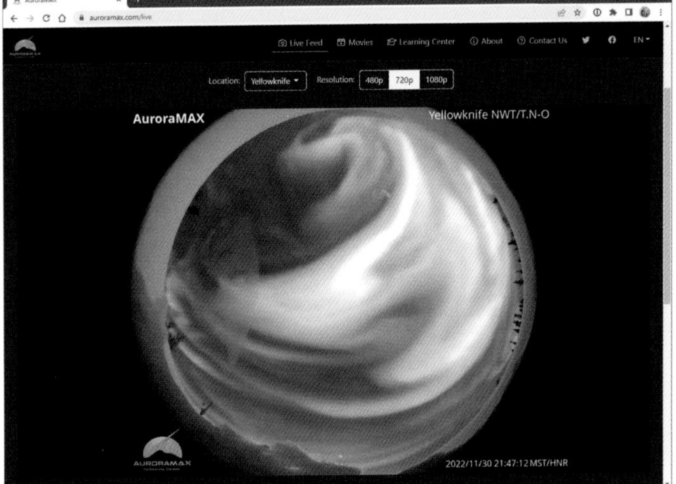

5 오로라가 보이는 곳에 웹캡을 설치하여 인터넷에서 볼 수 있도록 서비스를 제공하는 곳이 점점 많아지고 있다.

6 캐나다 옐로나이프의 전천 영상
www.auroramax.com

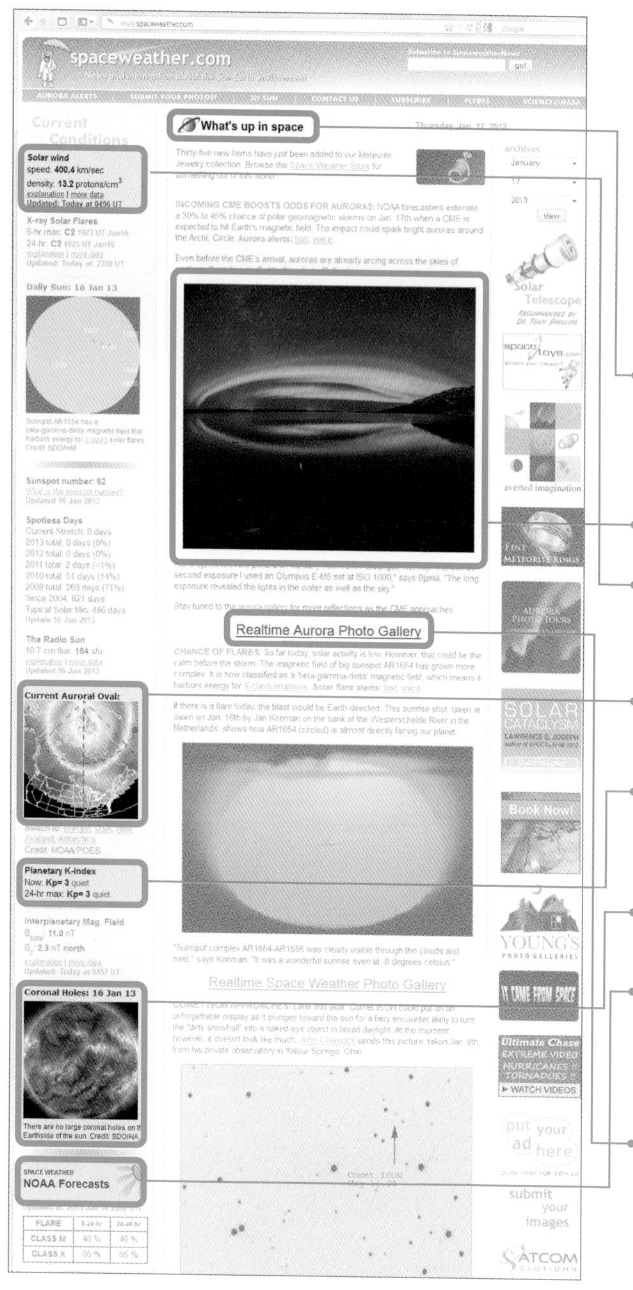

스페이스웨더닷컴 www.spaceweather.com

여러 사이트들 중에서도 오로라 관측자들에게 가장 많은 사랑을 받는 사이트는 '스페이스웨더닷컴'이다. 오로라 활동 예측 및 실시간 자료들이 일목요연하게 정리되어 있으며, 세계 곳곳의 네티즌들이 실시간으로 오로라 사진을 공유하는 곳이다.

What's Up in Space | 현재 상황에 대한 개요가 나와 있다. 만일 붉고 굵은 대문자로 **STORM**이나 **WARNING** 또는 **ALERTS** 등이 들어간 제목으로 오로라 경보 수준을 알린다면 긴장해야 한다. 장대한 오로라 쇼가 펼쳐질 밤이 기다리고 있다.

사진 | 최근에 올라온 사진 중 한 장을 선정하여 대문에 게시한다.

Solar Wind | 태양풍의 속도와 입자들의 밀도를 표시한다. 이것은 오로라의 활동성과 밀접한 관계가 있다. 400km/s를 넘어서거나 밀도가 두 자릿수 이상으로 올라가면 오로라 오발이 짙어지면서 강한 오로라를 볼 수 있을 징조다.

Current Auroral Oval | 미국 NOAA의 인공위성 실시간 관측 데이터를 링크해서 보여준다. 실시간으로 오로라 오발 상황을 볼 수 있다.

Planetary K-index | 오로라 오발의 크기와 관계된 지표다. 숫자가 커지면 오로라 오발이 그만큼 강하게 확장된다는 의미로, 저위도 지방에서도 오로라를 볼 수 있다.

Coronal Holes | 코로나 홀이 크게 열려서 지구를 바라보는 태양 가운데 쪽에 있으면 오로라 활동이 격렬해진다. 주의해서 보자.

NOAA Forecasts | 미국 NOAA의 우주 날씨 예측치를 요약해서 보여준다. 태양 흑점 폭발 가능성이 향후 24시간, 48시간 안에 어느 정도 되는지 보여주고, 이에 따라 고위도, 중위도 지역에서 어느 정도의 오로라 활동이 예측되는지를 퍼센트로 보여준다.

Realtime Aurora Photo Gallery
전 세계의 네티즌들이 오로라 사진을 공유하는 곳이다. (우측)

오로라 폭풍을 예측해보자

오로라 폭풍을 일으키는 원인 중, 태양 표면의 코로나 홀Coronal Hole에 의한 것이 있다. 그런데 태양은 한 달 좀 안 되는 주기로 자전하기 때문에, 코로나 홀도 같은 주기로 지구 방향으로 열린다. 이에 맞추어 오로라 폭풍이 나타나기도 한다. 코로나 홀은 한번 생성되면 몇 달 정도 지속되므로, 주기성을 확인하면 다음번 오로라 폭풍이 언제쯤일지 예측이 가능하다.

스페이스웨더닷컴의 'Realtime Image Gallery'에서 언제 오로라 폭풍이 있었는지를 찾아보자. 약한 오로라와 강한 오로라를 사진에서 구별하는 방법은 별과 비교하는 것이다. 강렬한 오로라를 촬영한 사진에서는 별빛이 약하다. 그리고 오로라 폭풍을 촬영한 사진에는 특징적인 핑크색이 나타나 있다. 이런 사진들이 약 25~29일 간격으로 주기성을 보인다면, 그다음 주기에도 코로나 홀이 약해지지 않는다면 오로라 폭풍이 나타날 가능성이 높다.

일기 예보에서는 비가 온다고 해서 오로라를 보기 힘들 것이라고 생각했는데, 갑자기 구름 사이로 구멍이 뚫리면서 오로라가 쏟아지기 시작했다. 워낙 날씨 변화가 심한 곳이라 일기 예보를 너무 믿으면 안 된다.

옐로나이프 시내 근처의 작은 부둣가, 2012년 10월

오로라 예측은 최저치였으나 이제까지의 관측 중에서 가장 많은 횟수의 오로라 폭풍이 터졌던 밤이다. NOAA의 오로라 액티비티 레벨은 최저치인 1에서 오락가락하고 있었는데 어느 순간 오로라가 나타나더니 밤새 장관을 이루었다.

오로라 빌리지*Aurora village*, 2013년 3월

오로라를 만날 확률을 높이려면?

오로라를 볼 확률이 가장 높은 지역은?

사실 오로라는 1년 365일 24시간 지구 상공에 떠 있다. 그러니 오로라가 떠 있는 그 아래까지 가기만 하면 되지 않을까? 하지만 거기까지 간다고 해도 언제나 오로라를 볼 수 있는 것은 아니다. 왜? 우리와 오로라 사이를 가로막는 구름이라는 존재를 생각해야 한다. 오로라 존 지역들은 대부분 날씨 조건이 매우 좋지 않다.

아이슬란드의 수도 레이캬비크의 12월 날씨 통계를 보면 20일 정도 비가 온다고 나온다. 나머지 열흘도 흐린 날이 대부분이다. 풍경은 훌륭하지만 오로라를 보기에 좋은 조건은 아니다. 나영석 PD가 이곳으로 오로라를 보러 가서 열흘 만에 간신히 볼 수 있었다고 그의 책《어차피 레이스는 길다》에 썼다. 나도 아이슬란드에 가서 8일 동안 있었는데 그중 딱 하루만 오로라를 볼 수 있었다. 서유럽 쪽도 만만치 않은데, 오로라를 보러 가는 크루즈가 출발하는 노르웨이의 항구도시 베르겐Bergen은 '비의 수도'라고 불릴 정도로 비가 많이 오기로 유명하다. 여행기로 유명한 빌 브라이슨Bill Bryson은 그의 책《발칙한 유럽 산책》에서 노르웨이 북쪽 끝 함메르페스트Hammerhest에서 16일 만에 오로라를 볼 수 있었다고 썼다. 러시아 북쪽 어떤 섬마을처럼 연중 맑은 날이 평균 30일 정도밖에 안 되는 곳도 있다. 이런 곳으로 오로라를 보러 가는 것은 돈만 버리는 일이 될 것이다.

오로라 존 지역들이 날씨가 안 좋은 데에는 이유가 있다. 지구의 바다와 대기는 끊임없이 열을 순환시키는데, 적도의 따뜻한 바닷물은 극지방으로 흘러들어 차가운 공기와 만나 구름을 만든다. 구름을 피하려면 극지방의 바다와 멀리 떨어져야 한다. 지도에서 그런 곳을 찾아보면 아메리카 대륙 북쪽 가운데쯤이다. 이곳이 날씨 조건이 좋은 지역으로, 대표적으로 오로라의 수도라고 불리는 캐나다의 옐로나이프가 위치해 있다. 연중 맑은 날이 240일 정도로, 특히 밤이 길어 오로라를 보기 좋은 겨울철의 날씨 조건이 좋다. 요즘은 기후 변화로 극지방도 평소와 다른 날씨 형태가 나타나는 경우가 있지만, 그럼에도 불구하고 지구에서 오로라를 보기에 가장 좋은 곳이라는 것은 NASA에서도 인정하듯이 분명한 사실이다.

사실 구름 조건을 전혀 고려하지 않아도 되는 관측지가 한 군데 있긴 하다. 바로 국제우주정거장. 이곳에서는 오로라를 아래로 내려다볼 수 있다. 하지만 궤도상 최대 위도가 51.6도라서, 오로라 존 상공까지는 가지 않는다. 따라서 오로라 오발이 매우 강하게 발달될 때에만 오로라를 볼 수 있다. 한국인 최초로 국제우주정거장에 다녀온 이소연 박사에게 물어보니 아쉽게도 체류하는

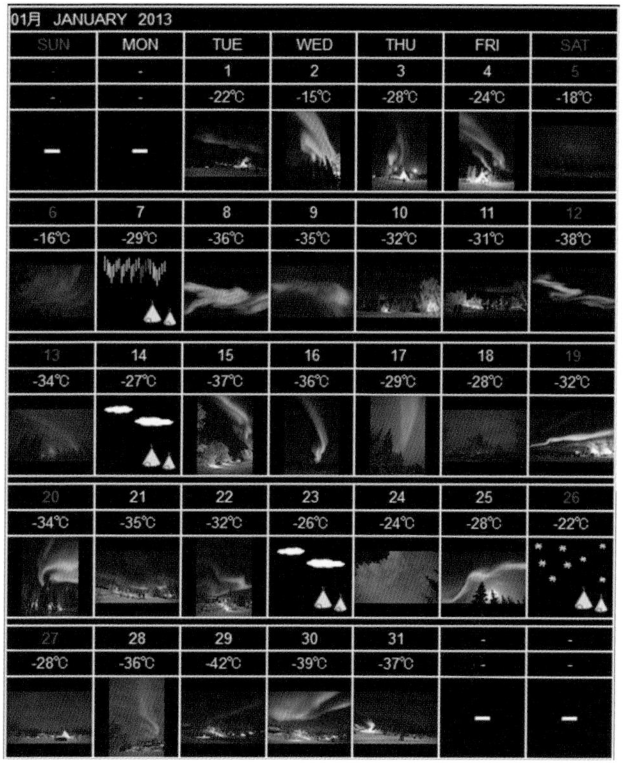

01月 JANUARY 2013

SUN	MON	TUE	WED	THU	FRI	SAT
-	-	1	2	3	4	5
-	-	-22℃	-15℃	-28℃	-24℃	-18℃
6	7	8	9	10	11	12
-16℃	-29℃	-36℃	-35℃	-32℃	-31℃	-38℃
13	14	15	16	17	18	19
-34℃	-27℃	-37℃	-36℃	-29℃	-28℃	-32℃
20	21	22	23	24	25	26
-34℃	-35℃	-32℃	-26℃	-24℃	-28℃	-22℃
27	28	29	30	31	-	-
-28℃	-36℃	-42℃	-39℃	-37℃	-	-

옐로나이프 오로라 빌리지의 2013년 1월의 오로라 관측 기록

www.aurora-tour.com

동안 오로라를 볼 수 없었다고 한다.

옐로나이프의 오로라 빌리지에서는 매일매일의 오로라를 사진으로 찍어서 올리고 있는데, 2013년 1월 현황을 보면, 31일 중 4일만 완전히 흐려서 오로라를 볼 수 없었고, 나머지 27일은 오로라 사진이 올라와 있다. 3일 이상 있으면 95%, 4일 이상 있으면 98% 확률로 오로라를 볼 수 있다는 캐나다 관광청의 통계수치가 과장이 아님을 알 수 있다. 하지만 100%는 아니기 때문에 많은 비용을 들여 멀리까지 와서 오로라를 전혀 보지 못하고 가는 지지리도 복도 없는 사람들도 소수이긴 하지만 있다는 것을 알아야 한다.

오로라를 '제대로' 볼 확률은?

오로라도 모두 같은 오로라가 아니다. 희미하고 움직임도 거의 없어서 눈으로는 구름인지 오로라인지 구별하기도 어려운 약한 오로라도 있고, 다양한 색깔과 격렬한 움직임으로 밤하늘에서 볼 수 있는 가장 아름다운 모습을 보여주는 오로라 폭풍도 있다. 눈물 나게 만드는 오로라 폭풍을 볼 확률은 얼마나 될까?

4일 머물면 98% 확률로 오로라를 볼 수 있다는 옐로나이프에서도, 그중에서 오로라 폭풍을 만날 확률은 20%가 안 된다. 앞서 오로라 빌리지의 2013년 1월 한 달 동안의 기록을 보면 오로라 레벨 1단계부터 5단계까지 중 최대치인 5단계를 볼 수 있었던 날은 총 5일이었다. 3일 연속으로 머무른 팀은 평균 절반 정도가, 4일 연속으로 머무른 팀은 2/3 정도가 오로라 레벨 5의 감동을 받고 돌아갈 수 있었다. 나쁘지 않은 수치다. 하지만 이것은 오로라 극대기에 가장 날씨가 좋은 시기의 데이터이다. 그리고 오로라 빌리지에서 말하는 레벨 5의 오로라는, 오로라 폭풍 아래 단계의 오로라 댄싱 정도까지도 포함된다.

오로라 폭풍을 만날 확률을 조금이라도 높이려면?

눈물 나게 만드는 오로라를 보고 싶다면 태양 활동의 극대기에 가는 것이 좋다. 극소기에는 오로라 폭풍이 한 달에 한 번 일어날까 말까다. 하지만 극대기의 절정에는 일주일에도 몇 차례씩 나타난다. 태양 흑점 폭발이라도 있으면 일주일 내내 화려한 오로라 폭풍이 밤하늘을 물들이기도 한다.

극대기라도 정말 확실하게 오로라 폭풍을 보려면 2주 정도는 있어야 한다고 이야기한다. 현지에서 정말 2주를 잡고 여행 온 모녀를 만난 적이 있는데, 운 좋게 첫날에 오로라 폭풍을 만났다. 그래서 돈 더 쓰지 말고 그냥 귀국하시라고 했는데, 한 번 더 보고 싶다고 2주 동안 계속 머물렀다. 그 뒤로도 오로라는 계속 봤지만 오로라 폭풍은 첫날 본 것이 마지막이었다고 한다.

내 경우에는 태양 흑점 폭발 소식을 듣고 바로 비행기를 탄 적도 있다. 흑점이 폭발하고 거기서 쏟아지는 입자들이 지구까지 오는데 하루에서 이틀 정도 걸리기 때문에, 소식을 듣고 바로 비행기를 탈 수 있다면 오로라 폭풍을 확실하게 볼 수 있다. 그때 매우 큰 흑점 폭발이 있어서 2주 동안 오로라 폭풍이 밤마다 나타났다. 그 소식을 SNS에 올렸더니, 그다음 날 전의 그 모녀가 비행기를 타고 나타났다. 이번엔 4박 6일의 기본 일정으로 왔는데, 4일 연속으로 오로라 폭풍을 보고 행복한 시간을 보내다 갔다.

참고로 앞으로 예정된 극대기는 2024~2025년이다. 그리고 연중 가장 강력한 오로라가 나타날 확률이 높은 때가 춘분, 추분을 전후한 시기다. 지구 자기장의 방향과 상관관계가 있어서 그 시기에 강력한 오로라가 발생할 확률이 높다고 한다. 캐나다 옐로나이프로 간다면 추분인 9월 21일 전후보다는 춘분인 3월 21일 전후가 날씨 조건이 좋다. 옐로나이프에는 4월 말까지도 바닥에 눈이 쌓여 있는데, 오로라의 빛이 반사되어 훨씬 밝게 느껴진다. 특히 2024년에는 4월 8일에 북미대륙을 지나는 개기일식도 볼 수 있다. 자연에서 느낄 수 있는 최고의 경이로움 두 가지를 한 번에 볼 수 있는 흔치 않은 기회다.

아무튼 미래는 알 수 없는 것이므로 출발 전부터 기대치를 너무 높이는 것은 좋지 않다. 본인이 오로라를 보러 갈 때 어느 쪽에 속하게 될지는 가봐야 알 수 있다. 하지만 가보지 않으면, 오로라를 볼 확률은, 확실하게 말할 수 있는데 0%이다.

오로라 폭풍의 순간. 이런 오로라를 만나야 눈물이 난다.

오로라 빌리지*Aurora village*, 2018년 2월

밤하늘 전체가 오로라에 덮이자, 눈도 그 빛을 반사해 형광색으로 빛난다. 가장 밝은 부분의 아래쪽에서 핑크색이 언뜻언뜻 비치는 것을 볼 수 있다.

오로라 빌리지 *Aurora village*, 2016년 3월

2장

옐로나이프, 오로라 여행

오로라의 수도, 캐나다 옐로나이프

오로라를 볼 확률이 가장 높은 오로라 존Auroral Zone 지역은 극지방의 춥고 황량하기 그지없는 곳이 대부분이지만, 캐나다의 옐로나이프Yellowknife는 공항이 있는 큰 도시이다. 비행기로 갈 수 있으며 도로도 잘 되어 있어 접근성이 좋다. 게다가 태평양의 습기를 머금은 공기도 매켄지 산맥을 넘어오면서 비를 뿌리고 건조한 공기로 바뀌기 때문에 날씨 조건도 좋다. 산이 없는 평지 지형으로 사방이 탁 트여 있고, 대단히 위험한 맹수인 북극곰이 살고 있지 않기에 오로라를 관측하기에 더없이 좋은 조건을 두루 갖추고 있다.

처음 서양 탐험가에게 발견되었을 때 이곳 인디언들이 구리 성분이 많아 노란색을 띠는 칼을 가지고 있었다고 해서 노란 칼, 즉 옐로나이프라는 지명이 붙었다고 한다. 지금은 구리 광산보다 다이아몬드 광산으로 더 유명하고, 세계 최고의 오로라 관측지로 더 유명하다.

옐로나이프를 알리는 표지석. 지명을 뜻하는 노란 칼이 그려져 있다. 옐로나이프 공항에서 다운타운으로 들어가는 길에서 볼 수 있다.

옐로나이프는 오로라 존에 위치하고 있어, 날씨만 맑으면 거의 밤마다 오로라를 볼 수 있다. 1년 365일 중 240일 이상이 맑기 때문에 이곳 사람들은 우리나라에서 저녁노을 보듯이 오로라를 본다.

에노다 로지 *Enodah lodge*, 2012년 10월

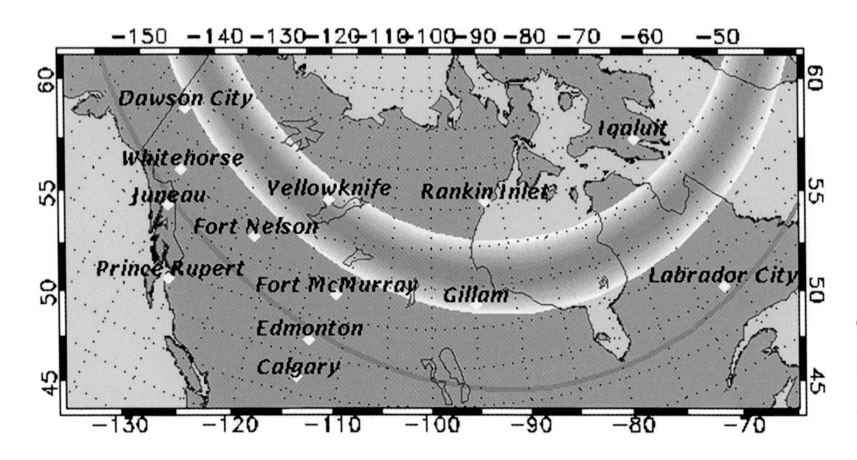

옐로나이프를 가로지르는 오로라 오발의 모습. 왜 옐로나이프로 가야 하는지 바로 답이 나온다.

옐로나이프에서는 전 세계에서 온 오로라 관광객들을 볼 수 있는데, 특히 한국, 중국, 일본 등 아시아에서 온 관광객이 많다. 오로라가 출현하는 날에 첫날밤을 맞으면 천재 아이를 낳는다는 전설이 전해져 내려오고 있어 신혼여행으로 오기도 한다.

현실적으로도 대한민국에서 오로라를 보러 갈 수 있는 곳을 찾아보면 그리 많지 않다. 러시아의 시베리아 북부는 오지 중의 오지이고, 북유럽 쪽은 물가가 너무 비싼데다 날씨 조건이 그다지 좋지 않다. 결국 가는 데 드는 비용을 따져봐도 북미대륙이 가장 현실적인 선택지일 수밖에 없다.

옐로나이프, 노스웨스트 준주, 캐나다

캐나다는 세계 2위의 넓은 땅에 인구는 3,800만 남짓이다. 국토 대부분이 고위도 지역에 있어서 대부분의 인구가 미국 국경 가까이의 대도시에 몰려서 살고 있다. 국제전화의 국가 식별번호는 1로, 미국과 같이 쓴다. 공용어는 영어와 프랑스어 두 가지로 방송이나 책자에서 두 가지 언어를 함께 사용하는 것을 볼 수 있다. 돈은 캐나다 달러(CAD)를 쓴다.

캐나다 국기. 캐나다라는 이름은 이곳 원주민인 휴런-이로쿼이Huron-Iroquois족의 언어로 마을 또는 정착지를 뜻하는 '카나타Kanata'에서 유래되었다고 한다. 가을철 단풍이 아름답기도 하고, 설탕단풍나무 수액으로 만든 메이플 시럽이 맛있다.

1 캐나다의 콘센트 모양. 110V를 사용한다.

2 터번을 두른 택시 아저씨. 거리를 걸어보면 너무나 다양한 사람들을 만나는 데 놀라게 된다. 백인, 흑인은 말할 것도 없고, 중국계로 보이는 사람들과 일본에서 온 젊은이들, 터번을 두른 인도계와 무슬림들을 흔히 볼 수 있다. 내가 가본 모든 나라 중에서 인종차별을 가장 느낄 수 없는 나라였다.

3 밴쿠버의 호텔 커피숍에서 만난 꽃미남. 엄청 친절해서 같이 갔던 여자분들의 인기를 한 몸에 받았다. ©김혜영

옐로나이프는 캐나다 노스웨스트Northwest 준주의 중심지로 세계에서 열 번째로 큰 그레이트 슬레이브 호수Great Slave Lake 북안에 자리 잡고 있다. 북위 62도로 북극권에서 450km 남쪽이다. 1930년대 금광이 발견되면서 도시가 건설되었다. 노스웨스트 준주 전체 인구 4만 명 중 절반이 이 도시에 살고 있다. 영화 〈슈퍼맨〉에서 슈퍼맨의 연인인 로이스 레인Lois Lane 역으로 나왔던 마곳 키더Margaret Kidder가 이 도시 출신으로, 이를 기념하여 로이스 레인 거리가 생겼다.

옐로나이프 지역은 한국과 낮과 밤이 거의 반대인데, 11월 초부터 3월 초까지는 한국 시간에서 16시간을 빼면 되고, 3월 초부터는 서머 타임이 적용되므로 15시간을 빼면 된다.

4 옐로나이프의 겨울철 새벽 풍경. 비행기에서 촬영하였다.

5 노란색이 선명한 스쿨버스. 길에서 만나면 긴장해야 한다. 캐나다에서는 어린이와 스쿨버스에 대해서는 굉장히 엄격한데, 스쿨버스가 다니면 추월해서도 안 되고, 정차하면 주변의 차들은 움직이면 안 된다. 이를 어기면 처벌이 꽤 세다고 한다. 나도 캐나다에서 경찰에 걸린 적이 딱 한 번 있다. 렌터카인데다 낯선 동네라 시속 50km도 안 되는 속도로 천천히 가고 있었는데 걸린 것이다. 학교 인근에서는 시속 25km 이하로 가야 한다나.

지구 태초의 암석 지대

지구는 약 46억 년 전 생성되었고 지구에서 발견된 가장 오래된 암석은 약 40억 년 된 것이다. 그 암석이 바로 옐로나이프 지역에 있다. 옐로나이프는 오래된 지형이라 그런지 금이나 다이아몬드 같은 광물이 풍부하고, 지질학적으로도 재미있는 곳이라고 한다. 여름에 눈이 녹으면 금광 주변의 바위들이 햇빛을 받아 금빛으로 반짝거리는 것이 아름답다. 옐로나이프를 걸어 다니는 것은 태초의 지구 위를 여행하는 것과 같다.

6 약 40억 년 전의 암석 조각. 여름철에는 지질학자들이 많이 찾아온다고 하는데, 오로라를 촬영하러 갔다가 만난 나이 든 지질학자에게 이 돌을 선물로 받았다.

7 이눅슈크 Inukshuk. 이누이트족이 경계의 표시나 길잡이로 세웠던 고대 상징물로 2010년 밴쿠버 동계올림픽의 공식 로고이기도 했다.

8 어느 집 앞마당에 있던 눈으로 만든 미끄럼틀. 추운 동네에서나 가능한 놀이터이다.

9 옐로나이프가 속해 있는 노스웨스트 준주는 북극곰 모양의 귀여운 번호판을 쓴다. 기념품점에서도 살 수 있다.

10 옐로나이프 시내의 전봇대들은 침엽수를 잘라서 만든 것이다. 오로라 빌리지의 티피도 나무를 때서 난방한다. 나무만 팔아도 수백 년을 먹고산다는 자원 부국답다.

11,12 옐로나이프 시내 곳곳에 위치한 오로라 예보를 위한 등대 모형. 빨간색이 점등되면 그날 밤 화려한 오로라가 나타날 가능성이 높다는 뜻이다.

떠나자 옐로나이프로

그대 오로라를 꿈꾸는가? 꿈만 꾸다가는 결국 못 본다. 꿈을 현실로, 옐로나이프로 떠나보자. 캐나다는 관광 목적의 경우 무비자로 6개월간 체류할 수 있다. 유효기간이 6개월 이상 남은 여권을 준비하고 전자여행허가(캐나다 eTA)를 받아둔다. 전자여행허가는 인터넷(www.cic.gc.ca/

비행기에서 만난 오로라. 가수 김수희 님이 촬영하였다. ©김수희

english/visit/eta-start.asp)으로 신청하고 신용카드로 7CAD를 지불하면 된다. 혹시 렌터카를 이용할 계획이 있다면 국제운전면허증을 미리 받아둔다.

대한민국에서 출발하는 경우 태평양을 건너 캐나다 옐로나이프 공항에 도착하면, 하루 꼬박 걸려 왔는데도 같은 날 저녁이다. 비행기가 태평양을 건널 때 날짜변경선을 지나기 때문에 시간을 거슬러 가는 타임머신을 탄 것 같다. 대신 돌아올 때에는 하루가 허무하게 증발한다.

옐로나이프로 가는 밤 비행기에서 운이 좋다면 오로라를 미리 만날 수 있다. 창가 자리에 앉았다면 가끔 밖을 내다보자. 옐로나이프에 도착하면 빙판의 활주로 위로 불어오는 북극의 차가운 공기가 볼을 때린다. 공항 라운지에는 박제된 북극곰이 길손들을 맞이하고 있다. 북극곰은 귀여운 이미지와는 달리 만나면 목숨을 부지하기 힘들 정도로 위험한 동물인데, 옐로나이프보다 한참 북쪽에 서식하므로 걱정하지 않아도 된다.

1

2

1 겨울철 옐로나이프 공항의 활주로는 빙판으로 덮여 있다.

2 옐로나이프 공항의 마스코트, 북극곰. 그러나 정작 이 동네 근처에서는 북극곰을 볼 수 없다.

우선 여행의 기본 요소인 교통, 숙박에 대하여 알아보자.

항공

한국에서 옐로나이프까지 가는 직항이 없으므로, 일단 캐나다 밴쿠버로 가야 한다. 비행시간이 10시간 이상이다. 그리고 캘거리 또는 에드먼턴까지 들어가는 데 1시간 이상 걸리고, 여기에서 옐로나이프까지 또 2시간 이상 비행기를 타야 한다. 밴쿠버에서 옐로나이프까지 바로 들어가는 항공편은 있다 없다 한다. 현재는 아시아나와 연계된 에어캐나다를 이용할 수 있다. 항공권 가격은 연중 가장 쌀 때와 비쌀 때의 차이가 백만 원이 넘는다. 여름방학과 휴가철이 겹치는 시기가 가장 비싸고, 3월 학기 시작 후가 가장 저렴하다.

밴쿠버에서 갈아탈 때 국경을 넘었기 때문에 수화물로 부친 짐도 다 찾아서 입국 수속을 밟아야 한다. 갈아타는 데 2시간 이상 소요되므로 환승 시간이 충분한 항공편을 선택해야 마음 졸이는 일이 없다. 가끔 항공편 연결이 안 되어 환승지에서 하루 대기했다 넘어가야 하는 경우도 생긴다. 이런 경우 보상이 거의 없다시피 하므로 소중한 여행 일정 중 하루가 그냥 날아간다. 기왕 가는 여행인데 일정은 넉넉하게 잡는 것이 좋다.

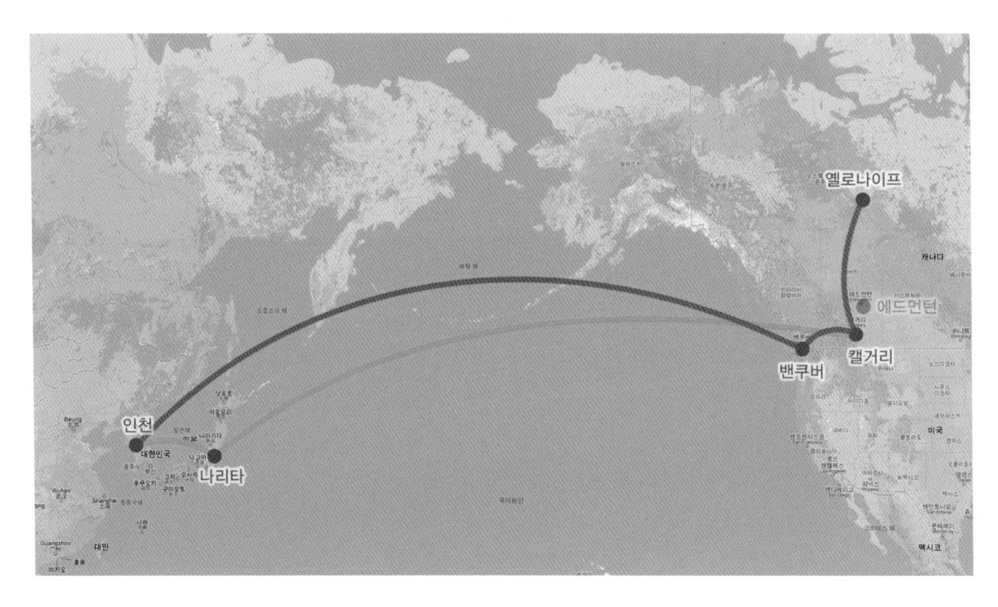

옐로나이프까지의 항공 노선

숙박

옐로나이프에는 다양한 종류의 숙박 시설들이 있다. 부킹닷컴(Booking.com)이나 호텔스닷컴(Hotels.com) 같은 숙박 예약사이트에서 검색해보는 게 요즘은 책으로 나온 정보보다 훨씬 최신이다. 겨울, 여름 오로라 성수기 때는 숙박 시설을 구하기 힘들 수 있으므로 일찍 예약하는 것이 좋다.

보다 더 저렴한 민박Bed & Breakfast도 있다. 시내 변두리 쪽 호숫가의 민박을 잡으면 멀리 갈 필요 없이 숙소에서도 오로라가 보인다. 물론 도심에서 멀리 떨어진 오로라 시설만큼 관측 조건이 좋지는 않다. 역시 숙박 예약사이트에서 찾아보고 비교해보자.

렌터카 예약

인터넷으로 현지 렌터카를 예약할 수 있다. 오로라 빌리지 등 교통편을 제공하는 시설을 이용한다면 렌터카는 필요 없다. 업체에서 제공하는 버스로 이동하면 된다. 옐로나이프 지역의 렌터카는 일일 요금 이외에도 주행 거리당 추가 요금을 받는 경

3 익스플로러 호텔The Explorer Hotel. 옐로나이프에서 가장 고급 호텔로 알려져 있다.

4 호텔들이 운행하는 공항 셔틀버스. 한두 시간마다 공항과 다운타운의 호텔들을 왕복한다. 익스플로러 호텔, 퀄리티 인 등에서 이용할 수 있다.

3

4

우가 대부분이다. 예를 들면 내셔널 렌터카의 경우 일일 25km까지는 무료, 그 이상은 1km당 0.4달러를 추가로 내야 한다. 극지방으로 갈수록 모든 물가가 비싸지는데 렌터카라고 예외는 아니다.

고수의 여행 계획 짜기

옐로나이프로 가는 방법에도 여러 가지가 있다. 가장 편한 방법은 국내 여행사들이 판매하는 오로라 여행 상품을 선택하는 것이다. 여행사를 통하면 항공, 숙박, 현지 프로그램의 모든 것이 한 번에 해결되고, 여행 출발 전에 상세한 여행 정보를 제공받기 때문에 달리 신경 쓸 것이 없다. 하지만 보다 자유로운 여행을 원한다면 모든 것을 스스로 해결해야 한다. 여행사 상품을 선택하더라도 일반적인 단체 여행(인솔자가 깃발 들고 다니면 단체로 일정표대로 따라다니는)과는 다르다는 것을 알아야 한다. 숙소를 옮기지 않고 한 마을에 머물면서 매일 밤 오로라를 보러 가는 일정이 반복된다. 자 그럼 단계별로 알아보자.

1단계. 초보자용 여행 상품

인터넷에 '캐나다 오로라 여행'이라고 검색해보면 하나투어니 모두투어니 하는 많은 여행사에서 판매하는 여행 상품이 나올 것이다. 오로라투어닷컴(www.auroratour.com) 또는 헬로캐나다(www.hello-canada.co.kr)를 방문해보자. 옐로나이프 오로라 빌리지의 국내 대리점에서 직접 운영하는 사이트다. 모든 여행사에서 판매하는 오로라 여행 프로그램이 날짜별로 나온다. 여기서 적당한 날짜, 적당한 가격의 상품을 선택하고 결제하면 끝이다. 포함 사항과 포함되지 않은 사항을 잘 체크하고, 여행사에서 안내해주는 대로 준비해서 날짜에 맞춰 공항으로 나가면 된다.

앞서 이야기했지만, 오로라 여행 상품은 다른 단체 여행과 다르게 인솔자가 없다. 스스로 알아서 캐나다행 비행기를 타고, 환승하며 옐로나이프 공항까지 가야 한다. 이것도 어렵게 느껴지는 0단계 생초보자라면 "○○○와 함께 가는 오로라 여행" 같은 프로그램을 이용해보자. 내 인생을 바꾼 책인《재미있는 별자리 여행》의 저자 이태형과 함께하는 오로라 여행 프로그램이 매년 시즌마다 있다.

옐로나이프 공항에 도착하면 드디어 가이드를 만나게 된다. 담당 가이드의 안내대로 셔틀버스에 타면 호텔에 내려준다. 겨울이라면 호텔 방에 방한복 세트가 준비되어 있을 것이다. 이제 밤이 되면 오로라 관측지로 향하는 셔틀버스가 데리러 오고, 낮에는 주간 관광 프로그램을 도는 셔틀버스가 데리러 온다. 시간 맞춰 타면 된다. 아무래도 같은 날짜에 출발한 사람들과 같은 버스를 타고 같은 장소에서 오로라를 보게 되겠지만, 식사도 각자 알아서 하기 때문에 일반적인 단체 여행과는 느낌이 좀 다르다. 개별 여행자들이 모여 있는 분위기다.

돌아갈 날짜가 되면 방한복을 반납하고 비행기 시간에 맞춰 데리러 온 셔틀버스를 타면 된다. 옐로나이프 공항에서 담당 가이드와 작별하고 다시 스스로 비행기를 갈아타며 인천국제공항까지 돌아오면 된다.

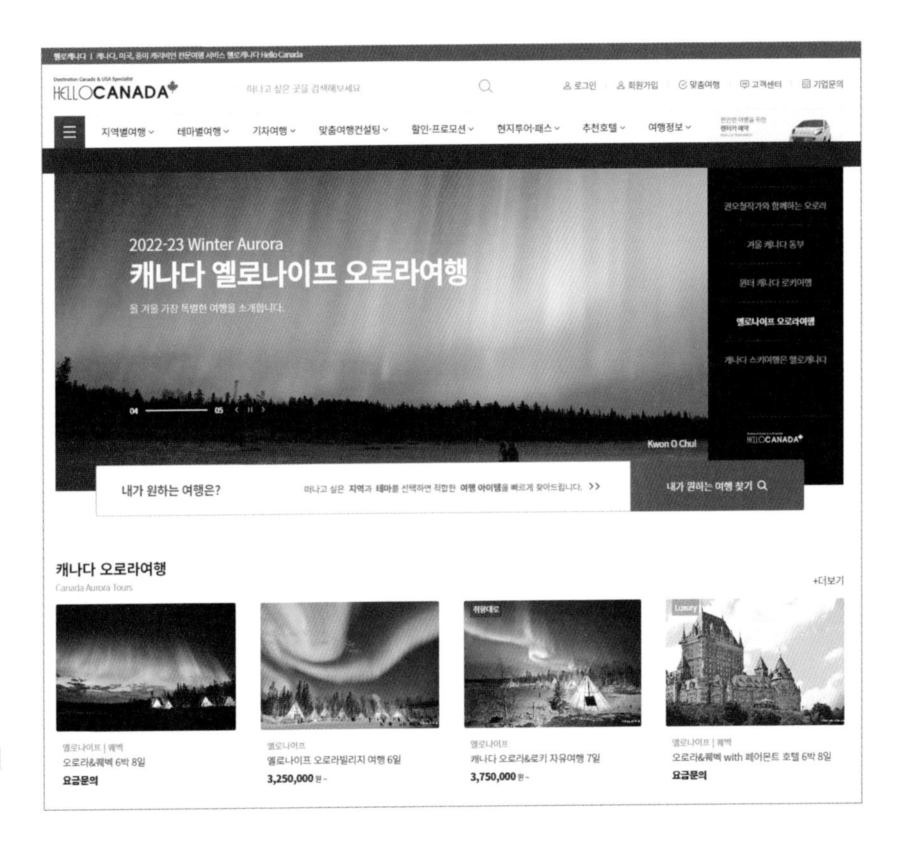

헬로캐나다의 오로라 여행 상품 안내.
이 중에서 골라도 되고, 이것을 참고해서
나만의 일정으로 구성해도 된다.

2단계. 혼자서도 잘해요

스스로 항공과 숙박 등 모든 것을 해결하는 경우다. 옐로나이프 현지에는 오로라 빌리지 이외에도 다양한 오로라 여행 프로그램들이 있는데, 이 중에 마음껏 골라서 해볼 수 있다는 장점이 있다. 단, 모든 것을 개별적으로 지불하다 보면 여행사의 오로라 여행 상품보다 그리 저렴하지 않다는 것이 함정이다. 여행사는 숙박이나 시설 이용료를 할인된 가격으로 받아 와서 일반 여행객들에게 판매한다. 그러니 직접 예약을 한다 해도 가격적으로 이득이 없고, 옐로나이프 현지 여러 여행사의 프로그램을 이것저것 추가하다 보면 오히려 돈이 더 들기도 한다. 겨울이라면 돈 아끼지 말고 방한복은 빌리는 것이 좋다. 돈 조금 아끼겠다고 한국에서 입던 옷을 입고 와서 난로 반경 5m를 못 벗어나는 사람을 본 적도 있다.

겨울철엔 온도가 너무 낮아서 밤에 혼자 밖을 돌아다니는 것은 대단히 위험하기 때문에 여행사가 제공하는 시설을 이용하는 것을 권장한다. 여름 시즌이라면 일정이나 장소에 구애받지 않고, 렌터카를 빌려 이곳저곳을 돌아다닐 수도 있다. 오래 체류해서 시간이 넉넉하다면 도전해볼 만하다.

3단계. 갈 만큼 가본 여행자

그렇다면 오로라를 자주 보러 다니는 사람들은 어떻게 할까? 내 경우에는 출발일과 귀국일을 정해서 여행사(오로라투어닷컴)에 직접 물어본다. 그리고 그 앞뒤로 조금 더 유리한 날짜가 있는지도 확인한다. 하루 이틀 차이로 항공권 가격이 꽤 차이 나기도 한다. 이렇게 항공, 숙박, 렌터카를 여행사가 다 해결해준다. 그리고 이왕 여행 가는 김에 옐로나이프뿐만 아니라 다른 관광지들을 들르기도 한다. 밴프나 재스퍼 국립공원에서 캐나디안 로키를 보고 갈 수도 있고 〈도깨비〉 드라마 촬영지로 뜬 퀘벡부터 몬트리올, 오타와, 토론토, 나이아가라 폭포까지 가볼 만한 곳이 많다. 단풍철에 아름다운 일명 '메이플 로드'도 겸사겸사 들를 수 있다. 1단계와 비슷한 것 같지만 차이가 있다. 출발일과 귀국일, 그리고 경유지를 내가 골라서 직접 여행 프로그램을 짜는 것이다.

옐로나이프의 대표적인 오로라 관광 시설인 오로라 빌리지. 제공된 방한 복을 갖춰 입고 티피 앞에 옹기종기 모여 오로라를 보고 있다. 마침 관광 객들이 단체로 도착하는 때에 오로라가 나타나주었다.

오로라 빌리지*Aurora village*, 2013년 2월

여러 가지 오로라 관광 프로그램

옐로나이프에는 오로라 관광객을 위한 여러 관광 프로그램이 있다. 시내에서 멀리 떨어진 곳에 오로라 관측 시설을 갖추고 있는 대형 업체에서부터 자동차 한 대로 영업하는 소규모 업체들까지 다양하다. 이들이 제공하는 프로그램을 알아보자.

오로라 빌리지

홈페이지: www.auroravillage.com (English)
www.aurora-tour.com (Japanese)
www.auroratour.com (Korean)

사실 오로라는 그 지역에서 일상적으로 보이는 것이기에 따로 전망대 같은 시설이 필요하지는 않다. 하지만 국내에서도 별을 보려면 대도시의 광해를 피해 한적한 시골이나 산 위로 가듯, 옐로나이프에서도 오로라를 편하게 볼 수 있는 시설들이 있다. 오로라 사진을 찾아보면 종종 북아메리카 인디언 전통가옥인 티피Teepee가 줄지어 늘어선 것을 볼 수 있는데, 바로 이곳이 오로라 빌리지다.

옐로나이프 도심에서 차로 30분 정도 거리에 떨어져 있어 광해가 없는 맑고 깨끗한 하늘에서 오로라를 볼 수 있다. 추위를 피할 수 있는 티피와 따뜻한 음료, 전기로 보온되는 의자 등 편의시설도 잘 갖춰져 있다. 방한복과 방한화 등의 방한 용품도 풀세트로 빌려주기 때문에 무겁게 싸 들고 올 필요 없다는 것이 장점이다. 시내의 여러 호텔과도 연계되어 있어 호텔 방에 방한복 등을 미리 배송해두기도 한다.

고객의 상당수가 일본, 한국, 타이완, 홍콩 등에서 오는 아시아인들이라 그에 맞추어 해당 언어를 구사하는 직원들이 고객들을 맞이한다. 옐로나이프 공항 도착부터 출발까지 체계적인 관리와 잘 짜인 프로그램이 장점이다. 오로라 빌리지는 국내에도 대리점이 있을 만큼 옐로나이프의 대표적인 오로라 관광 프로그램이라고 할 수 있다.

오로라 빌리지를 통한 오로라 여행

여행사를 통하여 패키지 예약을 한 경우, 옐로나이프 공항에서 호텔까지 셔틀버스를 제공한다. 호텔까지 15분이면 도착하는데 방에 들어가면 깨끗하게 세탁되어 포장된 방한복 상하의와 두건, 장갑, 방한화 등 방한 용품 풀세트가 기다리고 있다. 이를 위해 여행 예약 시에 옷과 신발 사이즈를 여행사에 미리 알려주어야 한다. 방한복은 세계에서 가장 따뜻한 옷 중 하나인 '캐나다 구스Canada Goose'다. 방한복과 방한화 등을 갖춰 입으면 눈밭에서 굴러도 된다. 이제 오로라 빌리지로 이동해서 인디언 전통가옥인 티피에서 추위를 피하며 오로라를 보게 된다.

1 호텔에 미리 와 있는 웰컴 키트. 오로라 빌리지와 옐로나이프 안내 책자, 기념엽서, 북위 62도 방문 인증서, 옐로나이프 기념 배지, 작은 손전등.

2 호텔 로비에서 각 방으로 전달될 방한복들. 비닐 포장되어 각각의 방으로 미리 옮겨진다.

1

2

겨울철의 오로라 빌리지. 인디언 전통가옥인 티피가 줄지어 선 모습이 아름답다.

오로라 빌리지 *Aurora village*, 2013년 3월

가을철의 오로라 빌리지. 오로라 호수 주변의 밝은 천막들이 티피다. 오로라의 반영이 아름답다.

오로라 빌리지 *Aurora village*, 2012년 9월

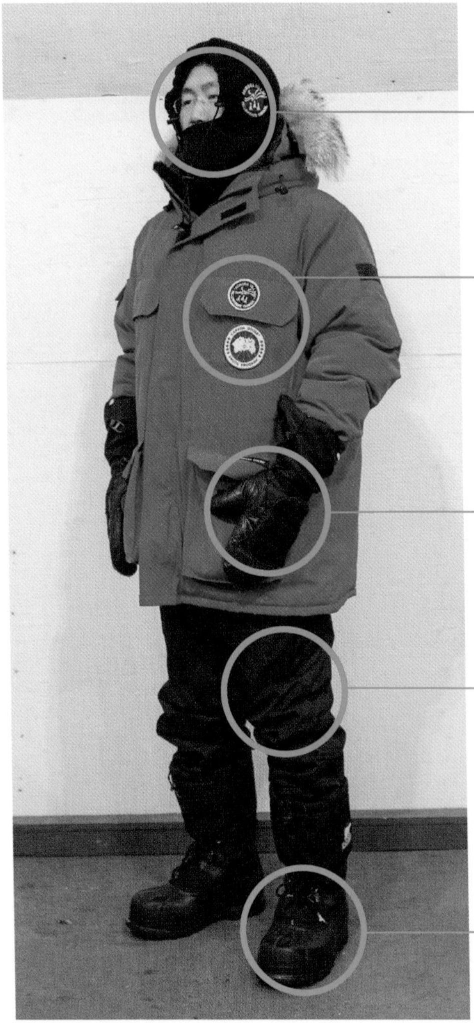

방한복에 대하여

페이스 마스크 | 머리를 보호하기 위한 두건. 눈만 노출된다. 안경을 끼면 콧김으로 뿌옇게 되기 쉬우므로 콘택트렌즈를 이용하면 편하다. 참고로 이 페이스 마스크는 방문 기념으로 주는 것이므로 반납하지 않는다.

상의 | 세계에서 가장 따뜻한 옷 중 하나인 캐나다 구스의 극지용 방한복이다.

장갑 | 두꺼운 방한용 장갑. 얇은 장갑을 끼고 그 위에 착용하면 좋다.

하의 | 바지는 방한, 방수가 되는 기능성 옷이다. 평소 입던 옷에 덧입으면 된다. 영하 20도 이상이거나 하체에 추위를 덜 타는 사람은 한 겹만 입어도 된다.

신발 | 소렐Sorel의 글라시어Glacier 또는 동급의 방한화. 내한 온도 영하 70도로 세계에서 가장 따뜻한 신발 중 하나다. 무거워서 신고 오래 걷기는 힘들지만 방한 성능은 확실하다. 추위를 많이 타는 사람은 핫팩을 발바닥에 붙이면 된다. 두꺼운 양말을 신고도 약간의 여유가 있는 것이 맞는 사이즈다.

방한복 풀세트를 갖춰 입은 모습

오로라 빌리지 시설 안내도. 옐로나이프의 최대 오로라 관광지인 만큼 다양한 시설이 호수 주변으로 배치되어 있다.

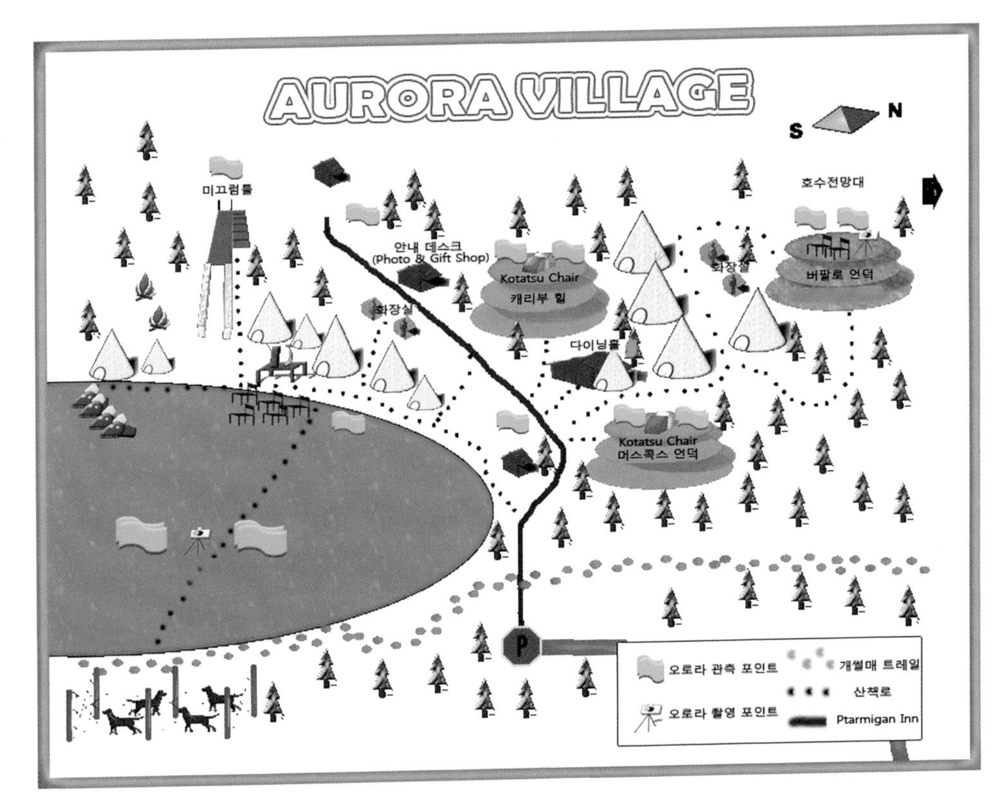

오로라 빌리지의 주요 시설들

티피 Teepee

북미 인디언의 전통가옥인 티피에는 난로와 의자, 그리고 따뜻한 물과 커피, 코코아 등이 마련되어 있어 추위를 피하며 쉴 수 있다. 호수 주변으로 여러 개의 티피들이 늘어서 있어 밤에 보면 특히 아름답다. 오로라 사진의 배경으로 많이 등장한다. 추우면 들어와 앉아 있다가 바깥에서 웅성웅성 소리가 들리면 오로라가 나타난 것이므로 나가서 보면 된다.

1 티피 외부 ©김주원
2 티피 내부
3 대표 메뉴인 버펄로 스테이크를 준비하는 모습

식당 Restaurant

식사와 간식, 그리고 주류를 판매한다. 춥고 흐린 날에 북적이는 곳이다. 벽에 걸려 있는 액자들은 내가 촬영한 것이다.

4 기념품숍 내부

5 영어, 일본어, 한글로 된 안내문이 붙어 있다.

6 버펄로 언덕에서 바라본 오로라

기념품 가게 Gift shop

오로라 사진이나 원주민 공예품, 메이플 시럽 등의 기념품을 판매하는 곳이다. 이곳에 기념사진을 찍어주는 사진사가 대기하고 있어 오로라가 뜨면 이를 배경으로 사진을 남길 수도 있다. 삼각대를 가져오지 않더라도 이곳에서 빌릴 수 있다.

버펄로 언덕 Buffalo hill

오로라 빌리지에서 가장 높은 곳으로 사방이 탁 트여 있다. 티피가 보이지 않는 대신 설원과 침엽수가 아름답다.

카리부(순록) 언덕 Caribou hill

거대한 미끄럼틀이 있는 언덕이다. 밤에는 사람이 적어서 조용하게 오로라를 볼 수 있다.

머스콕스(사향소) 언덕 Muskox hill

전기로 보온되는 의자들이 놓여 있다. 이 의자들은 360도 회전이 가능하다. 유료로 이용이 가능한데, 제공되는 방한복의 성능이 워낙 좋다 보니 실제로 사용하는 사람을 본 적은 한 번도 없다.

전기로 보온되는 의자들 ©오로라 빌리지

야간 오로라 관측 프로그램

야간 오로라 관측은 오로라의 출현 빈도가 높은 자정 전후로 운영된다. 옐로나이프 시내의 호텔에서 9시 전후로 버스에 타면 9시 반에 오로라 빌리지에 도착한다. 그 후 티피를 배정받고 오로라를 보게 된다. 숙박 시설이 아니기 때문에 기본 새벽 1시까지 운영되며, 25달러를 내고 추가 연장 1시간 30분, 다시 25달러를 내고 연장 1시간을 더해서 새벽 3시 반까지 머무를 수 있다.

날이 흐리거나 비가 와도 갑자기 날이 개면서 오로라를 볼 수 있는 경우가 많기 때문에 날씨와 상관없이 진행된다. 오로라가 나타나지 않는 시간에는 모닥불에 둘러앉아 마시멜로를 구워 먹기도 하고 기념품숍 앞에서 극한 추위 실험을 한다. 바나나로 못을 박거나 비눗방울이 얼어버리는 것을 볼 수 있다. 흐린 날에는 기다릴 때 지루하지 않게 아이패드나 노트북 같은 것들을 미리 준비해 가는 것이 좋다.

주간 관광 프로그램

일반적인 4박 6일 일정에서 주로 밤에 도착하고 아침 비행기로 떠나기 때문에 낮 시간은 3일이 있다. 밤에는 오로라를 보다가 자정이 지나 새벽에 호텔로 들어와 자고, 오전에 쉬다가 점심을 먹고 나면 낮 시간의 프로그램이 진행된다. 시내 관광 하루, 개썰매 체험이나 숲 트레킹 등의 체험 활동 중 선택해서 하루, 그리고 자유 관광으로 하루를 보내면 좋다.

시내 관광

박물관, 아이스로드, 전망대, 주의회 건물, 기념품 가게 등 주요 관광지를 버스를 타고 둘러보는 프로그램이다. 옐로나이프 시내는 매우 작기 때문에 시내 한 바퀴를 도는 데 2시간 정도면 충분하다.

겨울 시즌 체험 활동

오로라 빌리지에서 개썰매를 탄다. 썰매개들은 본능적으로 달리고 싶은 욕구가 잠재되어 있기에 썰매에 묶어주기도 전에 뛰어나가려 난리다. 숲속 오솔길을 달리는 속도감이 만만찮다. 원한다면 직접 몰아볼 수도 있다. 설피雪皮를 신고 눈이 소복이 쌓인 숲길을 걷는 트레킹도 한다. 대형 미끄럼틀에서 튜브를 타고 미끄러져 내려가면 호수 얼음 위로 한참을 더 미끄러져 간다.

개썰매 타기. 속도감이 만만찮다. 영하 30도 이하의 추위에서는 폐가 얼어붙어 개가 죽을 수도 있으므로 운행하지 않는다. 썰매개들은 질주 본능이 있어서 뛰고 싶어 안달이다.
©문승주

여름 시즌 체험 활동

카메룬 폭포까지 숲길 트레킹을 한다. 옐로나이프에서 가장 아름다운 풍경으로 손꼽히는 곳이다. 여름에서 겨울로 넘어가는 시기로 곱게 물들어가는 단풍이 아름답다.

자유 관광

마지막 날에는 정해진 프로그램이 없는 자유시간이다. 각자 쇼핑을 하거나 시내 관광에서 더 보고 싶었던 것들을 보러 다닌다. 시내가 작아서 걸어 다니기에 충분하고, 택시를 타도 10~20CAD면 충분하다. 대개의 업소는 콜택시를 부르기 위한 공중전화를 갖추고 있는데, 카운터에 이야기하면 택시를 불러준다.

세 줄 요약

호숫가에 늘어선 티피는 옐로나이프의 아이콘과 같은 풍경이다.
옐로나이프에 간다면 한 번은 방문해야 하는 필수 관광지.
오로라 빌리지만 매일 간다면 좀 지루할 수 있다.

7 설피를 신고 걷는 숲 트레킹. 은근히 힘들다. ©오로라 빌리지
8 튜브 미끄럼틀을 타면 잠시 동심의 세계로 돌아간다. ©김종남
9 여름철 숲길 트레킹 ©오로라 빌리지

이 티피 안에서 관광객들은 몸을 녹이며 쉴 수 있다. 훌륭한 사진 배경이 되기도 한다.

오로라 빌리지*Aurora village*, 2015년 3월

에노다 로지 Enodah Wilderness Lodge

홈페이지 : www.enodah.com (English)

옐로나이프가 위치한 그레이트 슬레이브 호수는 세계에서 열 번째로 큰 호수이자, 세계 50대 낚시터로 선정되었을 정도로 낚시로도 유명한 곳이다. 길이 1m가 넘는 이른바 '몬스터 피쉬'급의 대어가 잡히는데, 이를 위하여 호수 주변 한적한 곳에 로지Lodge들이 운영되고 있다. 대부분 호수의 얼음이 녹는 여름철에만 운영하는데, 에노다 로지Enodah lodge는 오로라 관광객들을 위하여 겨울철에도 운영한다. 호수가 얼어붙은 겨울에는 특수 궤도 차량으로 1시간 정도를 가야 하고, 여름에는 수상비행기로 10분 또는 모터보트로 1시간 정도를 가야 하는 작은 섬 위에 자리 잡고 있다. 이곳에서는 사방으로 펼쳐진 끝없는 빙원 어디에도 인간의 흔적은 보이지 않는다. 1m가 넘는 얼음을 뚫고 얼음낚시를 하거나 사냥을 체험할 수 있다. 잡은 것은 그날의 식사거리가 된다. 비용이 많이 들긴 하지만 하루 세끼 식사와 교통비가 모두 포함된 가격이라고 생각하면 사실상 별 차이는 없다. 숙박 시설이므로 한 곳에서 모든 것이 해결된다는 장점도 있다. 겨울에는 물이 얼기 때문에 샤워는 할 수 없고 머리를 감을 수 있을 정도의 물이 하루에 한 양동이씩 주어진다. 관광객들은 이층 침대가 두세 개씩 있는 오두막에 머무른다.

세 줄 요약

캐나다의 대자연을 야생 그대로 느껴보고 싶다면.

밥이 잘 나오지만 물이 부족해서 겨울에는 씻는 것이 어렵다.

비용이 만만찮다.

에노다 로지 위로 오로라가 빛난다. 오로라는 하늘 전체를 뒤덮으며 나타나기에 넓은 화각의 촬영이 용이한, 눈처럼 튀어나온 어안렌즈를 이용했다. 그래서 지평선이 이렇게 둥글게 휘었다.

에노다 로지 *Enodah lodge*, 2011년 2월

에노다 로지 위로 북극의 빛, 오로라가 가로지른다. 가운데에 이곳에 접근하기 위한 특수 궤도 차량과 스노모빌이 보인다. 주변의 오두막들은 관광객이 머무르는 숙소이다.

에노다 로지 *Enodah lodge*, 2011년 2월

1 식당 건물 입구. 직접 잡은 동물 박제들이 걸려 있다. 사냥 프로그램도 있는데 무척 비싸다. ©오봉연

2 식당 건물 내부. 서 있는 이가 주인장인 라그나Ragnar. 스웨덴 출신인데 이곳까지 와서 눌러앉았다고. ©김종남

3 관광객들을 위한 오두막 내부에는 이렇게 이층 침대들이 있다. ©김종남

4 겨울에는 이런 특수 궤도 차량으로 1시간을 달려야만 들어갈 수 있다. ©김종남

5

5 여름에는 모터보트로 1시간을 달려가거나 수상비행기로 10분을 날아가야 한다. 이 동네에서는 여성 비행기 조종사를 많이 볼 수 있다.

6

7

6 겨울철 얼음낚시 ©김혜영

7 얼음 위 그 작은 구멍에서 1.1m나 되는 물고기가 올라왔다. 운이 억세게 없었던 이 물고기는 그날 점심 메뉴로 초장과 와사비를 두른 신세가 되었다.

8

9

8 얼음낚시를 하는 곳은 인근의 작은 섬인데, 위의 그 특수 궤도 차량으로 10분 정도 가면 된다. 그곳에도 식사 등을 위한 작은 천막집이 있다. 이곳 내부에는 다녀간 관광객들의 온갖 기념 사인으로 빈 곳이 없을 정도다. 내가 2009년에 남긴 낙서가 아직 남아 있는데, 2011년과 2012년에 다시 왔다고 덧붙였다.

9 에노다 로지의 주인장인 라그나. 호탕한 웃음이 매력인 기분파. ©김주원

10

11

10 어느 구름 좋던 가을날의 일몰

11 일출 후 펼쳐진 풍경

1

2

3

오로라 스테이션 Aurora Station

에노다 로지에서 운영하는 또 다른 시설이다. 공항에서 서쪽으로 가는 길에 있다. 에노다 로지와 같은 숙박 시설이 아니므로 상대적으로 저렴하게 이용할 수 있다. 최대 수용 인원은 40명 정도다. 저녁에 버스로 들어갔다가 자정이 넘어 시내의 숙소로 다시 데려다준다.

건물 옥상을 빙 둘러 긴 의자가 놓여 있어서 여기에 앉아 오로라를 볼 수 있다. 작은 티피도 두 개 있다. 따뜻한 간식이 제공되며 전체적인 분위기는 에노다 로지와 비슷하다.

두 줄 요약

건물 안에서 대기하기 때문에 따뜻하게 지낼 수 있다.

사진 배경은 글쎄….

1 건물 옥상으로 이어진 계단을 올라가면 시야가 탁 트인다.
2 옥상에는 긴 의자가 설치되어 있어 편하게 오로라를 볼 수 있다.
3 내부의 느낌은 에노다 로지와 비슷하다.
4 티피 두 개가 설치되어 있다. 사진 배경으로 좋다.

4

벡스 케널 Beck's Kennels / Aurora Wonderland Tours

홈페이지 : www.beckskennels.com (English / Japanese / Chinese)

오로라 관측 시설인 벡스 케널Beck's Kennels은 시내에서 서쪽으로 10분 정도 떨어진 거리에 있는 작은 호수 옆에서 오두막 1채와 천막 2동으로 운영되고 있다. 역시 저녁에 버스를 이용해서 들어갔다가 자정이 넘어 시내의 숙소로 데려다준다. 방한복 대여, 주간 관광/체험 프로그램 및 공항 픽업 서비스 등은 오로라 빌리지와 비슷하게 제공한다.

개썰매 챔피언 출신이 운영하는 곳으로 다양한 개썰매 관련 프로그램이 강점이다. 여름철에도 눈썰매 대신에 자동차를 이용한 개썰매 타기 프로그램을 운영한다. 밤에도 개썰매를 타고 오로라를 보러 가는 프로그램이 있다.

한 줄 요약

개썰매로 시작해서 개썰매로 끝.

5 사무실에 진열된 수많은 개썰매 대회 트로피들
6 투어 프로그램에 사용되는 차량

5

6

비 데네 캠프 B.Dene Camp

홈페이지 : www.bdene.com

선주민 데네Dene족 마을인 데타Dettah에 위치하고 있다. 아름다운 호숫가에 자리 잡은 선주민 문화 학교에서 오로라를 보고 선주민들의 생활을 체험한다. 약 20명 정도가 들어갈 수 있는 오두막과 작은 티피를 갖추고 있다.

전통 방식의 생선 요리 맛보기, 선주민 음악 배우기 등 오로라가 뜨지 않아도 지루할 틈이 없는 것이 장점이다. 여름철에는 숲길로 20분 정도 걸어서 들어가고, 겨울에는 얼어붙은 호수 위로 스노모빌을 타고 들어간다.

세 줄 요약

선주민들의 문화 체험. 오로라가 안 떠도 심심하진 않다.
가는 길이 좋지 않다.
2% 부족한 사진 배경.

1 관광객들이 머무르는 오두막. 데네족의 문화를 가르치는 학교로도 쓰인다.

2 오두막 내부

3 오두막 내부에는 데네족의 전통 공예품과 생활용품들이 전시되어 있다.

4 아름다운 호숫가에 자리 잡고 있다.

5 작은 티피가 있어 이곳에서 전통 방식의 요리 체험을 한다.

6 티피에서 데네족 전통 방식의 생선 요리를 선보이고 있다.

7 데네족의 악기와 음악을 체험해보는 시간이다.

황도여유 Yellowknife Tours

홈페이지 : www.yellowknifetours.com (English / Chinese)

옐로나이프의 종합 관광 서비스를 제공하는 곳으로 중화권 고객들이 많다(참고로 오로라 빌리지는 일본계와 현지인이 운영을, 황도여유는 중국계가 운영하고 있다). 방한복 대여 서비스와 야간 관측 프로그램, 주간 관광 프로그램 등 대개의 여행사가 비슷한 프로그램을 운영하고 있다.

오로라 빌리지와 다른 점은 자체로 운영하는 시설이 없기 때문에, 버스를 이용해서 타 시설들에 보내주는 역할만 한다. 그러다 보니 한 곳에 얽매이지 않고 다양한 장소에서 오로라를 볼 수 있어서 프로그램이 다양하다는 장점이 있다. 야간 오로라 관측 프로그램에서 오로라 빌리지는 자체 시설만 이용하지만, 황도여유의 경우에는 에노다 로지나 오로라 스테이션 또는 비 데네 캠프 등의 시설을 이용하거나 프렐류드 호수 같은 곳으로 오로라 헌팅을 떠나기도 한다. 주간 관광/체험 프로그램 및 공항 픽업 서비스 등은 거의 동일하게 제공한다.

제공하는 방한복

* 참고로 여행사마다 대여하는 방한복의 색이 다르기 때문에 옷만 봐도 어디 고객인지 알 수 있다. 참고로 오로라 빌리지는 파란색, 황도여유는 빨간색 아니면 검은색, 벡스 케널은 검은색 또는 갈색이다. 브랜드는 모두 캐나다 구스.

1 **황도여유에서 운영하는 버스**

2 **중국에서 오는 여행객들이 급증하면서 황도여유 외에도 많은 중국계 여행사들이 들어왔다. 이들이 운행하는 차량에는 중국 한자가 적혀 있어 쉽게 구별된다. 코로나 때 많이 없어졌다.**

1

2

3

4

5

소규모 투어 가이드, 일명 오로라 헌팅

시청 안에 있는 비지터 센터Visitors Centre에 가면 오로라 관광 프로그램을 제공하는 소규모 여행 여행사들의 홍보물을 볼 수 있다. 이들은 승합차 등에 신청자를 태우고 인근 경치 좋은 호수(주로 프렐류드 호수)에 가서 오로라를 보고 들어온다. 원주민 생활 체험 프로그램 등을 진행하기도 한다. 방한복 대여 서비스를 제공하기도 하며 상대적으로 저렴한 가격이 장점이다.

오로라 관측 시설을 이용하지 않고 차량으로 여기저기 돌아다니는 것을 오로라 헌팅Aurora Hunting이라고 부른다. 용어만 보면 구름을 피해 오로라를 찾아 떠나는 것 같지만 오로라는 고도 100km 이상에서 나타나는 현상이므로 상당히 넓은 지역에서 동일하게 관측되기에 오로라를 찾아서 떠난다는 것은 말이 안 된다. 단지 오로라가 없을 때 지루하지 않게 차로 돌아다니는 투어 정도로 생각하면 된다. 다만 차 타고 이동 중에 오로라가 터지면 대략 낭패.

3 시청 1층의 비지터 센터에서 각종 투어 홍보물을 구할 수 있다.

4,5 소규모 업체들이 이용하는 승합차. 한국계가 운영하는 '헬로오로라'도 있다.

오로라를 보기 좋은 곳들

렌터카를 이용해서 인근의 경치 좋고 광해 없는 곳을 찾아다니며 기다려서 오로라를 볼 수도 있다. 단, 겨울철에는 추운 날씨 때문에 보온이 가능한 오로라 관측 시설을 이용하는 것을 권장한다. 길도 미끄러운 데다 온도가 워낙 낮기 때문에 밤에 불빛이 없는 한적한 곳에 차를 가지고 돌아다니다가 미끄러져 처박히는 경우가 있다. 또 오로라를 보려고 시동을 끄고 차에서 내렸다가 엔진이 얼어 시동을 다시 걸지 못하고 얼어 죽는 사고도 발생한 적이 있다고 한다. 게다가 물이 어는 겨울철에만 북쪽의 광산 지역에 물자를 운송할 수 있기 때문에 두세 칸씩 연결한 대형 트럭

잉그러햄 고속도로를 알리는 표지판

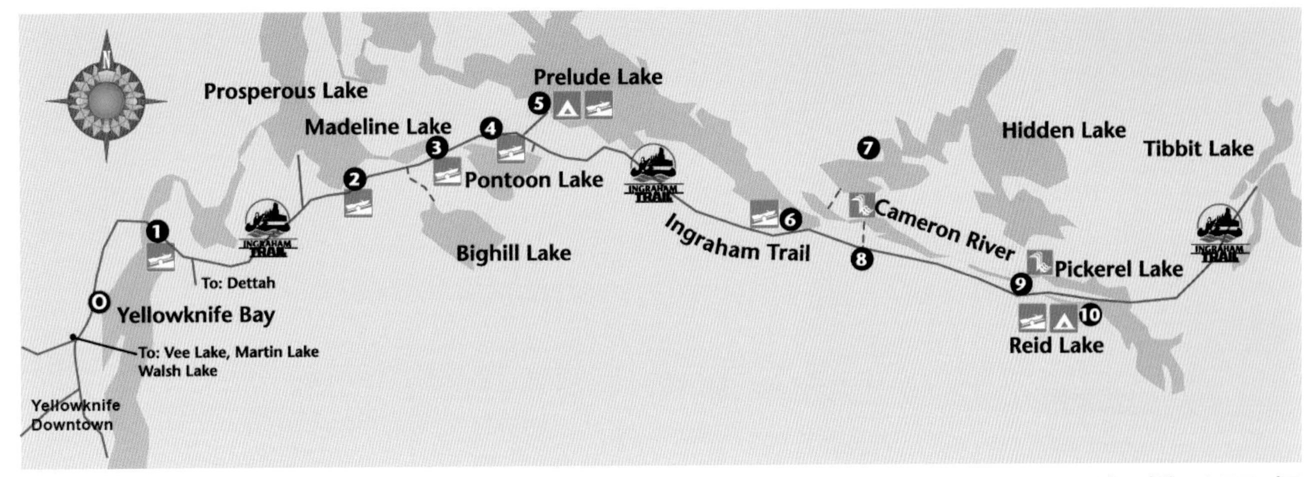

잉그러햄 고속도로 지도

들이 많이 다녀서 더욱 위험하다. 겨울철에는 온통 눈으로 덮여 있어 어디로 가나 풍경이 비슷하기 때문에 굳이 차를 가지고 멀리 나갈 이유가 없다. 여름철에는 날씨가 따뜻해서 이런 위험이 없기에 좀 더 자유롭게 호수 풍광을 즐기며 돌아다닐 수 있다.

옐로나이프 시내에서 잉그러햄 고속도로Ingraham Trail를 따라가면 15~50km 내에 프렐류드 호수Prelude Lake, 폰툰 호수Pontoon Lake, 히든 호수Hidden Lake 등 경치 좋은 호숫가들이 많다. 한적한 호숫가라고 생각하겠지만 오로라가 뜨면 여기저기서 '스고이'(일본어로 '대단하다'는 뜻)라는 소리를 들을 수도 있다. 일본이나 중국 등에서 온 오로라 관광객들을 데리고 승합차로 돌아다니는 팀이 많기 때문이다.

밝은 오로라가 뜨는 날이면 다운타운의 호텔 창문 너머로도 오로라가 보인다. 그렇지만 불빛이 없는 곳이 관측하기엔 훨씬 좋다. 고속도로에서 안쪽으로 들어가 차량 불빛이 비치지 않는 한적한 호숫가에 자리 잡으면 좋은데, 내 경험으로는 프렐류드 호수가 가장 좋았다.

시내 근처 작은 부둣가

시내에서 5분 만에 갈 수 있다. 옐로나이프 도심 불빛과 오로라를 함께 담을 수 있는 곳이다. 인근에 실제로 사람이 거주하는 집들이 있으므로 조용히 해야 한다. 오로라가 뜨는 밤이면 한밤중에도 차들이 많이 온다.

찾아가기 | 시내에서 3.5km 지나 오른쪽. 별다른 표지판이 없어 처음에는 찾기 힘들다. 시내에서 가다 오른쪽으로 호수가 보이면서 빠지는 길이 100m 간격으로 두 개가 있는데, 두 번째 길로 100m 더 들어가면 작은 부두가 나온다. (지도 0번)

여름철에는 배들이 많이 떠 있는 것을 볼 수 있지만 겨울에 가면 그냥 눈 덮인 빙원일 뿐이다.

이 작은 부두에서는 멀리 호수 너머로 옐로나이프의 다운타운이 보인다.
도시 불빛과 함께 오로라의 반영을 담을 수 있는 곳이다.

옐로나이프 시내 근처 작은 부둣가, 2012년 10월

프렐류드 호수 Prelude Lake Territorial Park

작은 배들이 많은 공원이다. 풍광도 좋고 주차하기에도 좋다. 캠핑도 가능하다. 오로라 여행 가이드들이 승합차로 고객들을 데리고 많이 가는 곳으로 오로라를 보기 가장 좋은 곳 중 하나이다. '오로라 헌팅'을 하는 소규모 업체들이 많아지면서, 이곳이 매우 붐빈다고 한다. 촬영하고 있다가 헤드라이트 불빛에 방해받는 일이 종종 생기기도 한다. 오로라를 조용히 한적한 곳에서 보는 것은 점점 어려워지고 있으나 안전을 위해서는 여럿이 함께 있는 편이 좋다. 여름에는 곰 같은 야생동물을, 겨울에는 추위로 인한 사고를 조심해야 한다.

찾아가기 | 시내에서 29.2km 지나 왼쪽. 큰 표지판이 있으므로 쉽게 찾을 수 있다. 비포장도로로 2.2km를 계속 직진해 들어가면 호수가 나온다. (지도 5번)

프렐류드 호수 진입로의 표지판.

길에서 안쪽으로 한참 들어가기 때문에 도로를 지나다니는 차의 불빛이 보이지 않는다. 선착장의 작은 배들이 아름답다. 오로라가 밝아지면서 온 하늘과 호수가 초록빛으로 물들었다.

프렐류드 호수 *Prelude lake*, 2011년 9월

파우더 포인트 Hidden Lake - Powder Point Day Use Area

크고 넓은 호수 주위로 산책로가 잘 되어 있는 곳이다. 입구의 작은 호수는 물이 잔잔해서 바람이 좀 부는 날에도 오로라의 반영을 담을 수 있다.

찾아가기 | 시내에서 44.8km 지나 왼쪽. 표지판이 크게 있다. 길 바로 옆에 호숫가가 보인다. (지도 6번)

카메룬 폭포 Hidden Lake - Cameron Falls Trail

아름다운 숲길을 걷다 보면 높이 17m의 폭포가 나온다. 9월 말 단풍이 들면 풍광이 절정을 이룬다. 여름철 오로라 빌리지의 낮 체험 프로그램 중 하나인 트레킹을 이곳에서 한다.

찾아가기 | 시내에서 46.6km 지나 왼쪽. 주차장에 차를 대고 20분 정도 걸어가면 폭포가 나온다. (지도 8번)

카메룬 강 공원 Cameron River Crossing Territorial Park

피크닉 테이블이 마련되어 있는 널찍한 공간이 있다. 10분 정도 걸어 들어가면 아름다운 작은 폭포가 나온다. 카메룬 폭포까지 약 9km 정도의 숲길이 연결되어 있다.

찾아가기 | 시내에서 56km 지나 왼쪽 주차장. (지도 9번)

카메룬 폭포의 장관. 옐로나이프 근방에서 가장 경치가 좋은 곳 중 하나이다.
©박종우

소나무 숲으로 둘러싸인 널찍한 공간이다. 사방을 다 촬영할 수 있지만 어느 쪽을 찍나 배경은 똑같은 소나무 숲!

카메룬 강 공원*Cameron River Crossing Territorial Park*, 2012년 10월

겨울과 여름, 언제 가는 것이 좋을까?

옐로나이프의 오로라 관광은 겨울 시즌과 여름 시즌 두 번 운영된다. 겨울에는 오로라가 나타나면 온 세상의 눈이 오로라의 형광빛으로 같이 빛나는 황홀한 풍경을 볼 수 있고, 여름에는 호수에 오로라의 반영이 비치는 모습이 아름답다. 내 경험으로는 눈으로 보기에는 겨울이 좋고, 여름에는 물에 비친 오로라의 반영을 함께 담을 수 있어서 사진 찍기에 좋다.

오로라 자체는 계절에 상관없이 뜬다. 심지어 낮에도 나타날 수 있다. 단지 낮에는 태양이 밝아서 보이지 않을 뿐이다. 오로라를 연구하는 학자들은 낮에도 X선 등의 파장대를 이용하여 관측하기도 한다. 겨울이 좋은 점은 밤이 매우 길기 때문에 오로라를 볼 수 있는 시간이 길다는 것이

오로라 빌리지의 가을과 겨울. 단풍이 든 나무에 흰 눈이 덮이고, 호수는 빙원으로 변한다.

에노다 로지의 가을과 겨울 ©김혜영

다. 극지방의 여름은 밤이 매우 짧고, 더 고위도로 올라가면 밤에도 어두워지지 않는 백야 현상이 나타나기에 여름철에는 오로라를 볼 수 없거나 볼 수 있는 시간이 매우 짧다.

겨울 시즌

겨울 시즌은 11월 중순부터 4월 중순까지이며, 시야 끝까지 눈으로 덮인 광활한 풍경과 오로라를 볼 수 있다. 겨울에 눈이 쌓이면 오로라의 빛을 반사해서 형광빛으로 같이 빛나기 때문에 같은 밝기의 오로라가 떠도 여름철에 비해 훨씬 밝게 느껴진다.

겨울의 장점

- 밝은 오로라가 뜨면 온 세상의 눈이 오로라와 같이 빛나는 환상의 풍경을 경험할 수 있다.
- 밤이 길고 날씨가 맑은 날이 지속되는 경우가 많아 오로라를 볼 확률이 높다.
- 역시 눈이 쌓여야 극지방 분위기가 난다. 개썰매 타기, 눈길 트레킹, 스노모빌 타기 등 극지방에서만 할 수 있는 다양한 체험 프로그램을 할 수 있다.

겨울의 단점

- 춥다.
- 티피가 있는 오로라 빌리지를 제외하면, 어디를 가도 눈 덮인 풍경이 비슷하다.

겨울 여행을 위한 팁

- 될 수 있으면 방한복을 대여해주거나 추위를 피할 수 있는 공간이 마련된 오로라 빌리지나 에노다 로지, 벡스 케널과 같은 시설을 이용하는 것이 좋다. 혼자 렌터카를 이용해 밤에 돌아다니다 얼어 죽을 수도 있다.

1

2

1 온통 눈으로 덮인 겨울철 풍경은 어딜 가나 비슷하다.

2 겨울철에는 스노모빌을 비롯한 여러 가지 겨울철 즐길 거리가 있다.

겨울이 되면 호수엔 몇 미터 두께의 얼음이 얼고 그 위에 눈이 덮여 빙원으로 변한다. 겨울철의 풍경은 매우 단조롭다. 어디를 봐도 산이 보이지 않는 평지인 데다, 눈이 모든 것을 덮어버리기 때문이다.

오로라 빌리지*Aurora village*, 2013년 3월

옐로나이프는 워낙에 건조한 지역이라 눈이 많이 오지 않지만, 몹시 춥기 때문에 내린 눈이 녹지 않아서 이렇게 바닥에 쌓인다. 하지만 나무 위에는 눈이 거의 없다. 우리나라의 산 위에서 볼 수 있는 눈꽃이나 눈을 뒤집어쓴 나무는 보기 어렵다. 달빛에 눈이 밝게 보인다.

오로라 빌리지*Aurora village*, 2013년 2월

오로라를 기다리며 눈사람을 만들었다.
이곳에서는 눈사람이 몇 달 동안 안 녹는다.

오로라 빌리지*Aurora village*, 2015년 3월

눈을 쌓아서 미끄럼틀을 만들었다. 낮에는 이 트랙에서 튜브를 타고 미끄러져 내려오는 눈썰매를 탄다. 겨울은 춥지만 추운 곳에서만 즐길 수 있는 활동들이 있어서 좋다.

오로라 빌리지 *Aurora village*, 2013년 3월

위쪽으로는 초록빛, 아래쪽으로는 핑크빛이 도는 밝은 오로라가 커튼처럼 낮게 드리웠다. 겨울철에는 눈 때문에 밤에도 그렇게 어둡게 느껴지지 않는다.

오로라 빌리지*Aurora village*, 2015년 3월

여름 시즌

옐로나이프의 여름 오로라 시즌은 하지를 지나 낮 길이가 16시간 이하로 떨어지는 8월 중순에 시작되어, 얼음이 얼기 시작하는 10월 초에 끝난다. 여름 시즌이라고 하지만 실제로는 가을이다. 겨울에 비해 짧은 여름 시즌에는 춥지 않아서 좋다. 단풍이 들어가는 호숫가에서 오로라를 볼 수 있다. 캐나다의 국기에도 그려져 있듯이 캐나다의 단풍은 매우 아름답다. 물이 얼지 않은 호수 위로 오로라가 비치는 모습을 볼 수 있는 것은 덤이다.

겨울에 갈 때에는 그저 눈으로 사방이 덮인 평평한 대지인 줄 알았는데, 여름철에 다시 가보니 풍경이 완전히 다르다. 하얀 눈 대신 온 천지가 물과 바위다. 육지에서 흙을 보기 힘들 정도다. 이 바위들은 역사도 유구해서 46억 살 지구에서 가장 오래된 40억 살짜리 암석도 있다. 금빛으로 빛나는 바위들 옆에는 금광이 있고, 근처에는 다이아몬드와 구리 광산이 있다. 겨울철 흰색의 설원이 수묵으로 그린 동양화라면, 가을철 붉은 단풍과 금빛으로 물든 바위가 있는 호숫가는 인상파의 서양화 느낌이다.

여름의 장점

- 춥지 않다.
- 단풍 드는 숲과 호수 풍경이 아름답다.
- 물에 비친 오로라의 반영을 찍을 수 있다.

여름의 단점

- 모기가 있다.
- 날씨가 불안정해서 오로라를 볼 확률이 조금 떨어진다.
- 항공권 가격이 비싸다.

여름 여행을 위한 팁

말이 여름이지 가을이라고 보면 된다. 여름에서 겨울로 넘어갈 때 그 변화는 매우 급격하다. 낮 길이가 매일 10~15분씩 짧아지며, 특히 9월 말부터는 하루에 기온이 1도씩 뚝뚝 떨어진다. 낮에 더운가 싶다가 새벽에 얼음이 얼거나 눈이 오곤 하는 식이다. 가을 옷으로 준비하되, 밤에는 무척 춥기 때문에 겨울 파카도 준비하는 것이 좋다.

그 외의 기간에는?

겨울과 여름만 비교했는데, 봄이나 가을은 어떨까? 이 시기에는 호수가 녹거나 얼기 시작하는 시기로 배로도 못 가고 차로도 못 가는 시기다. 대부분의 업체들이 문을 닫고 휴가를 간다. 심지어 그 유명한 블록스 비스트로 식당도 문을 닫는다. 그러니 이 시기에는 가봐야 별 재미가 없다.

1 수상비행기에서 내려다본 가을철 옐로나이프 풍경. 물이 녹는 여름철에는 수상비행기가 이곳의 주요 교통수단이 된다. 날아다니는 택시라고나 할까. 하늘에서 보는 옐로나이프는 육지보다 물이 많다. 그레이트 슬레이브 호수Great Slave Lake는 세계에서 열 번째로 큰 담수호이며 깊이도 600m가 넘는다고 한다. 참고로 서해에서 가장 깊은 곳이 약 100m이다.

2 옐로나이프 시내에 있는 모기의 동상. 사람들의 피를 빨다가 죽은 모기들을 위로하기 위해서 세웠다고 한다. 툰드라 지역의 여름 한 철을 살고 가는 모기는 지독하기로 유명하다. 단풍 드는 9월 중순부터는 모기가 없다.

여름철은 사진가를 위한 계절이다. 물에 비친 오로라의 반영이 아름답다. 바람이 불지 않아 물결이 잔잔한 날을 기다려야 한다.

프렐류드 호수 *Prelude lake*, 2011년 9월

옐로나이프에서는 9월 중순이면 벌써 단풍이 절정이다. 달빛에 단풍으로 물든 나무와 붉은 색의 오두막이 환하게 드러났다.

에노다 로지*Enodah lodge*, 2012년 10월

새벽 동이 터오는 하늘에 은하수와 오로라가 걸려 있다. 밤새 바람이 불어 반영을 제대로 찍지 못했는데, 새벽이 되어서야 바람이 잠잠해지며 선명한 반영을 찍을 수 있었다.

에노다 로지*Enodah lodge*, 2011년 9월

오로라의 흔들거리는 모습이 순간
촛불처럼 느껴졌다.
달 밝은 밤이라 낮처럼 환하다.

에노다 로지*Enodah lodge*, 2012년 10월

옐로나이프, 오로라 이외의 것들

호텔

❶ 익스플로러 호텔 *The Explorer Hotel*
❷ 샤토 노바 옐로나이프 *Chateau Nova Yellowknife*
❸ 퀄리티 인 & 스위트 옐로나이프 *Quality Inn & Suites Yellowknife*
❹ 노바 인 옐로나이프 *Nova Inn Yellowknife*
❺ 스탠튼 스위트 호텔 옐로우나이프 *Stanton Suites Hotel Yellowknife*

볼거리

❻ 박물관 *Prince of Wales Northern Heritage Centre*
❼ 노스웨스트 준주 의회 *the Legislative Assembly Building*
❽ 다이아몬드 센터 *NWT Diamond and Jewellery Centre*
❾ 전망대 *Monument Hill*
❿ 데타 아이스 로드 *Dettah Ice road*

쇼핑

⓫ 노던 이미지스 *Northern Images*
⓬ 노던 기념품점 *Northern Souvenirs, Gifts & Embroidery*
⓭ 위버 앤 디보어 *Weaver & Devore Trading Ltd*
⓮ 갤러리 오브 더 미드나잇 선 *Gallery of the Midnight Sun*
⓯ 오버랜더 스포츠 *Overlander Sports*

먹거리

⓰ 블록스 비스트로 *Bullock's Bistro*
⓱ 와일드캣 카페 *The Wildcat Cafe*
⓲ 테이스트 오브 사이공 *A Taste of Saigon*
⓳ 막스 패밀리 레스토랑 *Mark's Family Restaurant*
⓴ KFC
㉑ 보스턴 피자 *Boston pizza*
㉒ 햄버거 가게 *A&W*
㉓ 맥도날드
㉔ 서브웨이 *Subway*
㉕ 브르노스 델리 앤 피자 *Bruno's Deli & Pizza*
㉖ 맥주집 *NWT Brewing Company*

기타

㉗ 식료품점 *Independent Grocer (New town)*
㉘ 식료품점 *Shoppers Drug Mart (Down town)*
㉙ 술 가게 *Liquor shop (Down town)*
㉚ 술 가게 *Liquor Shop (New town)*
㉛ 서점 *Book Cellar*
㉜ 우체국 *Post Office*

올드타운 OLD TOWN
다운타운 DOWNTOWN

시내 둘러보기

우선 옐로나이프 시내를 둘러보자. 호텔들이 있는 시내를 다운타운Down Town이라고 하고, 새로 형성된 시가지를 뉴타운New Town이라고 한다. 정착 초기에 형성된 마을을 올드타운Old Town이라고 하며 와일드캣 카페, 위버 앤 디보어, 블록스 비스트로, 전망대 등의 가볼 만한 곳들이 모여 있다. 다운타운은 작아서 걸어서 둘러봐도 충분하다. 뉴타운 쪽은 건물들이 크고 널찍한 대신 듬성듬성 자리 잡고 있어 차를 가지고 가야 한다. 월마트, 대형식료품점, 캐나디안 타이어스Canadian Tires와 같은 대형 매장들이 있다.

볼거리

박물관 **Prince of Wales Northern Heritage Centre (지도 5)**

이 지역 원주민 부족들의 역사와 문화, 그리고 골드러시 이후의 옐로나이프 도시 건설 등에 대한 것을 전시하고 있는 지역 박물관이다.

노스웨스트 준주 의회 **the Legislative Assembly Building (지도 6)**

박물관 옆에 있다. 소수민족 부족 연합체에서 출발했다고 하는데, 주요 관광 코스 중 하나이다. 의사봉으로 쓰이는 일각돌고래의 엄니로 만든 조각품이 전시되어 있다. 의회 진행 중에 실제로 쓰인다.

1

2

3

1 **다운타운의 중심가인 프랭클린 거리**Franklin Avenue. **유일하게 신호등이 있는 거리이다.**

2 **옐로나이프 시내를 돌아다니는 버스. 시간표는 정류장에 붙어 있다. 시내버스도 일요일에는 쉰다.**

3 **박물관 입구**

4 노스웨스트 준주 의회 건물의 가을 풍경. 호수 주변의 단풍이 아름답다. ©오로라 빌리지
5 의사진행이 없는 주말에는 결혼식이 열리기도 한다.
6 일각돌고래의 뿔과 황금, 다이아몬드 등으로 만들어진 조형물. 의사봉의 역할을 한다고 한다.

다이아몬드 센터 NWT Diamond and Jewellery Centre (지도 8) 사진 7, 8

옐로나이프는 다이아몬드 광산으로도 유명하다. 겨울에 북쪽으로 올라가는 대형 화물차들은 대개 이 광산에서 사용할 물자들을 운송하는 것이다. 다이아몬드 센터에서는 캐나다 노스웨스트 준주에서 채굴, 절단, 세공된 다이아몬드를 전시하고 있다. 분광기로 직접 볼 수도 있으며 구입도 가능하다.

9

10

전망대 Monument Hill (지도 9)

시내에서 가장 높은 언덕이다. 얼마 되지 않는 높이지만 이 지역 자체가 워낙 평지라 시내 전체가 내려다보인다. 극지방을 개척했던 모험적인 비행기 조종사들을 기리기 위한 기념비Bush Pilot's Monument가 서 있다. 바로 아래에 블록스 비스트로와 위버 앤 디보어가 있다.

데타 아이스 로드 Dettah Ice road (지도 10)

겨울에 호수가 얼면 그 위로 도로가 생긴다. 이 지역 지도를 보면 알겠지만 물 반 땅 반이라 물이 녹는 여름에는 차량으로 다닐 수 있는 길이 많이 없어져 멀리 돌아가야 한다. 심지어 잉그러햄 고속도로도 북쪽으로 70km만 나가면 끊긴다. 하지만 겨울이 되면 약 2m 두께로 얼음이 얼고, 그 위로 차가 다닌다. 북쪽의 다이아몬드 광산으로 가는 차량들이 이동하는 시기다. 길 위의 눈을 치우고 얼음 속을 들여다보면 신비롭다.

9 전망대에서 내려다본 옐로나이프 시내 전경
10 전망대 꼭대기에 있는 기념비

11 얼음 위의 도로. 매일 소방서에서 얼음의 두께를 측정하고 운행 가능 여부를 길 입구에 붙여둔다. 빙판이 그대로 드러난 부분은 미끄럽기 때문에 천천히 달려야 한다.

12 아이스 로드 한편에 만들어지는 얼음 성. 외부에서 보는 것은 무료이나 들어가려면 입장료를 내야 한다. 여름이 오면 녹아 없어지기에 매년 새로 만든다.

13 아이스 로드의 얼음 위에 섰다. 수 미터 두께의 얼음은 바닥이 보이지 않는 깊은 푸른색을 띠고 있다. 신비롭다.

14 여름철의 아이스 로드 입구

쇼핑

위버 앤 디보어 Weaver & Devore (지도 13) 사진 15

옐로나이프에서 가장 큰 창고형 매장이다. 밖에서 보면 작아 보이는데, 안에 들어가보면 꽤 넓다. 각종 겨울 용품들을 구할 수 있다. 세계에서 가장 따뜻한 옷 중의 하나인 '캐나다 구스'도 종류별로 들어와 있어 한국에서보다 저렴하게 구입할 수 있다. 1936년에 개점했다고 한다.

갤러리 오브 더 미드나잇 선 Gallery of the Midnight Sun (지도 14) 사진 16

옐로나이프에서 가장 큰 기념품 가게이다. 각종 기념품, 의류, 가죽 제품, 사진집, 공예품 등을 살 수 있다. 위버 앤 디보어에서 100m 정도 떨어진 큰길에 있다.

15

16

노던 이미지스 Northern Images (지도 11) 사진 17

시내에 자리 잡은 기념품 가게. 그림과 사진, 공예품 등 미술품 종류가 다양하다.

노던 기념품점 Northern Souvenirs, Gifts & Embroidery (지도 12) 사진 18

작고 아기자기한 기념품들을 판매하는 가게이다.

17

18

먹거리

와일드캣 카페 Wildcat cafe (지도 17) 사진 19

1937년부터 같은 건물에서 영업하고 있는 유서 깊은 곳이다. 여름철에만 영업을 한다.

블록스 비스트로 Bullock's Bistro (지도 16) 사진 20, 21

캐나다에서 가장 유명한 레스토랑 중 하나라고 한다. 피쉬 앤칩스Fish&Chips가 대표 메뉴인데, 그날그날 잡히는 고기에 따라 주문 가능한 메뉴가 달라진다. 정겨운 분위기가 끝내주는 곳으로 저녁에 늦게 가면 자리가 없다. 양이 작은 사람은 반도 못 먹을 정도로 듬뿍 나온다.

테이스트 오브 사이공 A Taste of Saigon (지도 18) 사진 22

베트남 음식점이다. 옐로나이프에는 한국 음식점이 없다. 뜨끈한 국물 있는 음식을 먹고 싶다면 이곳으로 가면 된다. 가격이 10CAD대로 저렴하다.

19

20

21

22

23

막스 패밀리 레스토랑 Mark's Family Restaurant (지도 19) 사진 23

중국 음식점은 세계 어디를 가도 볼 수 있다. 국내 외에서는 자장면은 보기 힘든데, 이곳에서도 자장면은 메뉴에 없다. 대신 햄버거 같은 간단한 메뉴도 있다. 일요일에 밥을 먹을 수 있는 거의 유일한 곳이다.

패스트푸드, 피자 가게 사진 24, 25, 26, 27

패스트푸드의 대명사인 맥도날드와 KFC는 이 북쪽 마을에도 있다. 세계에서 가장 북쪽에 있는 점포라고 이야기하는데, 확인된 바는 없다. 서브웨이나 피자헛, 도미노 피자처럼 한국에서도 익숙한

24

25

26

27

24 맥도날드 (지도 23)
25 KFC (지도 20)
26 보스턴 피자 (지도 21)
27 A&W (지도 22)

곳도 있고, 보스턴 피자나 A&W처럼 국내에서는 보기 어려운 곳도 있다. A&W는 아주 오래전부터 있었다고 하는데 특유의 향이 있는 맥주가 유명하다.

엑스트라 푸드 Extra Foods

한국의 이마트 정도로 생각하면 된다. 근처에 월마트도 있지만 식재료는 이곳이 가장 풍부하다. 코스트 프레저와 같이 조리시설을 갖춘 숙소에 묵는 경우 이곳에서 식재료를 사서 직접 해먹을 수도 있다. 다운타운과 뉴타운에 각각 있는데, 뉴타운 쪽의 점포가 훨씬 크고 다양한 상품을 갖추고 있다.

술 가게 Liquor shop

캐나다는 흔히 심심한 천국이라고 불린다. 한국과 같은 다양한 유흥(?) 문화가 없기 때문이다. 음주에 대한 규제가 엄격해서 술을 사갈 때도 보이지 않게 들고 다녀야 하고, 지붕이 없는 곳에서는 마실 수도 없다. 옐로나이프에서 술을 파는 곳은 딱 두 곳이다. 다운타운과 뉴타운에 하나씩 있다. 일요일에는 영업하지 않고, 평일에도 일찍 문을 닫으니 술을 마셔야 할 일이 있으면 미리 준비해두는 것이 좋다. 술은 밖에서 보이지 않게 포장해서 들고 다녀야 한다.

28

29

30

31

28, 29 뉴타운에 있는 점포 (지도 27)
30 다운타운에 있는 점포 (지도 28)
31 다운타운의 술 가게 (지도 29)

뉴타운의 술 가게. 입구는 작아 보이지만 안에 들어가면 상당히 넓다. (지도 30)

기타

서점 Book Cellar (지도 31)

오로라 및 북쪽 지역에 관한 책들을 구할 수 있다.

우체국 Post Office (지도 32)

그리운 이들에게는 편지를 쓰자. 엽서도 좋다.

32 서점 (지도 31)
33 우체국 (지도 32)

32

33

극지방 극한체험

우리는 북위 33~37도 정도에 걸쳐 있는 한반도에서 살고 있다. 적당히 낮과 밤이 공존하고, 사계절이 뚜렷한. 북극으로 점점 올라간다면 어떻게 될까. 가장 먼저 생각나는 것은 추위일 테고 눈으로 덮인 세상, 백야, 북극곰 같은 것들이 떠오를 것이다.

북극권, 백야와 흑야

위도 66.33도를 북극권 한계선Arctic Circle이라 하고 이 위로는 북극권이라고 이야기한다. 한대와 온대를 구분하는 경계선인데, 여름철에는 해가 지지 않는 백야가, 반대로 겨울철에는 해가 뜨지

옐로나이프의 일출을 3분 간격으로 촬영한 것이다. 고위도 지역이라 우리나라보다 훨씬 더 비스듬하게, 지평선을 스치듯이 천천히 뜬다.

않는 극야Polar Night가 나타난다. 낮에도 해가 뜨지 않으면 24시간 깜깜한 밤일 것이라고 생각하지만 실제로 그렇지는 않다. 해가 지평선 아래를 스치듯이 지나가므로, 우리나라 일몰 직후에 보는 그런 여명이 짧은 낮 동안 계속된다. 북극으로 가까이 갈수록 여명은 점점 어두워지고 보이는 시간도 점점 짧아진다.

옐로나이프는 위도 62도에 위치하고 있어 북극권에서 450km 정도 남쪽이다. 참고로 남극의 세종기지도 남위 62도에 위치하고 있다. 여름에는 해가 지긴 하지만 지평선 바로 아래에 머물고 있기 때문에 어두워지지 않는 백야를 볼 수 있다. 옐로나이프의 겨울 해는 늦잠꾸러기이다. 오전 10시쯤이 되어서야 느지막이 얼굴을 내민 태양은 하늘 위로 고도를 높이는 대신 지평선 위를 스치듯 지나간다. 오후 3시쯤이면 태양은 벌써 지평선 아래로 내려가고 노을이 깔리기 시작한다. 해가 지평선과 이루는 각도가 얼마 되지 않기에 해가 지고 노을이 깔리고 어두워지는 것이 우리나라에 비해서 매우 천천히 진행된다.

하늘 높이 떠 있는 북두칠성

옐로나이프의 밤하늘

극지방으로 갈수록 방향을 찾는 것도 어려워진다. 북극에 서 있다고 생각해보자. 나침반이 어디를 가리킬까? 밤에 별로 방향을 찾고 싶어도 북극성이 머리 꼭대기에 있고, 북두칠성이 그 주변을 돌고 있으니, 우리나라에서처럼 북두칠성이 있는 방향이 북쪽이 아니다. 어떨 때는 동쪽이 될 수도 있고, 서쪽이나 남쪽이 될 수도 있다.

옐로나이프에서는 북극이 아니기에 북극성으로 방향을 찾을 수 있지만 북두칠성은 일어선 채로 동서남북을 돌아다닌다. 오리온 별자리가 지평선 위로 똑바로 서서 지평선 위를 도는 것을 볼 수 있다. 북극성이 거의 머리 꼭대기에 있고, 다른 별자리들이 그 주변을 돌기에 일 년 내내 보이는 별자리가 비슷하다. 궁수자리 등 남쪽의 별자리들은 볼 수 없다.

큰개자리도 시리우스가 있는 머리 부분만 볼 수 있다. 심지어 여름철에는 백야 때문에 아예 별을 볼 수 없다.

옐로나이프의 추위

옐로나이프의 긴 겨울, 온도는 급속 냉동실보다 떨어진다. 영하 20도에서 40도를 왔다 갔다 하는데, 이상 기후로 영하 7도 정도의 따뜻한 날씨가 되자 반팔 입고 다니는 사람들을 볼 수 있었다. 기온은 낮지만 건조하고 바람이 거의 불지 않아 체감온도는 대한민국의 겨울에 비해 그리 대단치 않게 느껴진다. 게다가 오로라 관광객에게는 두툼한 방한복, 방한화, 두건, 장갑 등이 제공되므로 오히려 덥다고 느낄 수도 있다. 춥다고 움츠리고 있지 말고 적극적으로 극지방을 체험해보자.

1 영하 33도를 알리는 옐로나이프 시내의 전광판

2 옐로나이프의 자동차들 앞에는 전기 플러그가 나와 있다. 영하 30도 이하로 떨어지면 엔진오일이 얼어붙기 때문에 엔진에 히터 설치가 필수라고 한다. 이 때문에 주차장이나 주택, 도로변 가게들은 반드시 외부에 전원장치를 설치한다. 히터는 각 가정의 수도관에도 달려 있다. 수돗물이 얼면 녹이기 위해서다.

3 빛기둥 Light Pillar 현상. 추운 지역에서는 대기 중의 수증기가 얼어서 지표면 가까이에서는 수평에 가깝게 떠다니게 되는데, 이들로 인하여 빛이 수직으로 솟구치게 된다. 몹시 추운 지역에서 볼 수 있는 현상이다. 우리나라에서는 겨울철에 해가 질 때 해 위로 빛기둥이 나타나는 것을 흔치 않게 볼 수 있다.

1

2

3

극지방 극한체험

냉장고의 급속 냉동실보다 훨씬 추운 곳이다 보니 일상적으로 경험하기 어려운 현상들이 발생하곤 한다. 오로라 빌리지에서는 날이 흐리거나 오로라가 보이지 않는 틈틈이 이런 볼거리를 제공하고 있다. 극한의 낮은 온도에서만 할 수 있는 엽기 실험들이다.

실험 1. 휴전선 근무했던 예비역들은 추운 겨울날 오줌을 누면 그대로 고드름이 된다는 이야기를 하는데, 그보다 훨씬 추운 옐로나이프에서 오줌을 싸면 어떻게 될까?
결과: 영하 40도에서 실험해봐도 오줌이 바로 고드름이 되진 않았다. 쌓인 눈 위에 오줌이 떨어지며 녹아내린 누런 자국만 남았다. 뻥쟁이들.

실험 2. 이 추운 곳에서 비눗방울 놀이를 하면 어떻게 될까?
결과: 비눗방울은 만들어지는 즉시 얼어버린다. 비눗방울 거품이 아니라 비눗방울 구슬인 것이다. 비눗방울은 날아다니지 못하고 얼어서 바닥에 톡 떨어져버린다. 게다가 비눗방울액이 바로 얼어버려서 오래 실험할 수도 없다. 비눗방울은 오줌방울과 달리 매우 얇은 막이라서 차가운 외부 온도가 바로 전달되기 때문이다.

만들어지는 즉시 얼어버리는 비눗방울 ©문승주

실험 3. 펄펄 끓는 물을 한 컵 가득 담아서 공중으로 뿌리면 어떻게 될까?

결과: 순식간에 눈보라로 변해 흩어진다. 재미있는 건 물이 미지근하면 안 되고 뜨거울수록 잘된다. 날씨는 추울수록 좋다. 같은 조건에서 뜨거운 물이 차가운 물보다 빨리 어는 '음펨바 효과Mpemba effect'로 생기는 현상이다. 오랫동안 그 원리가 밝혀지지 않아 2012년에 영국왕립화학회가 그 원인 규명에 1000파운드(약 160만 원)의 상금을 걸기도 했다. 물의 수소결합과 공유결합의 에너지 상관관계에 의한 현상(응?)이라고 밝혀졌지만 아직도 논란은 계속되고 있다.

실험 4. 바나나로 못을 박을 수 있을까?

결과: 꽁꽁 언 바나나로 못을 박을 수 있다. 언 두부로도 가능하다.

1

2

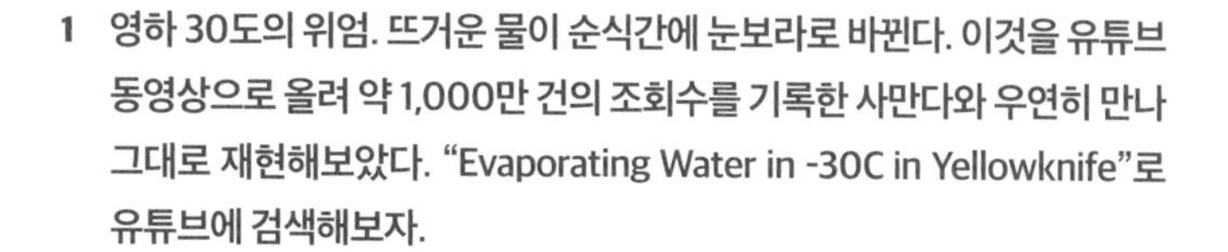

1 영하 30도의 위엄. 뜨거운 물이 순식간에 눈보라로 바뀐다. 이것을 유튜브 동영상으로 올려 약 1,000만 건의 조회수를 기록한 사만다와 우연히 만나 그대로 재현해보았다. "Evaporating Water in -30C in Yellowknife"로 유튜브에 검색해보자.

2 바나나로 못 박기 ©오로라 빌리지

실험 5. 바깥에 놔둔 티셔츠는 어떻게 될까?

결과: 그대로 악기가 된다. 툭툭 치면 드럼 소리가 난다. 추운 겨울날 옷이 얼어 바스락거리는 소리가 나는 것을 들어본 적이 있을 것이다. 옷이 그대로 얼어버리기 때문에 나타나는 현상이다. 물에 살짝 적시면 효과가 확실하게 나타난다.

실험 6. 라면 먹다 놔두면?

결과: 오로라 빌리지에서는 컵라면에서 면발을 젓가락으로 들어 올린 그대로 얼려서 보여주는데, 이건 연출이다. 이렇게 되려면 몇 시간은 그대로 놔두어야 한다. 오줌도 바로는 안 어는데, 라면이 어떻게 이렇게 바로 얼겠는가? 그저 관광객을 즐겁게 해주려는 것뿐이다.

3 얼어붙은 티셔츠 ©오로라 빌리지

4 얼어붙은 라면. 속지 말자. ©오로라 빌리지

3

4

3장

오로라를 사진으로 남겨보자

오로라 촬영해보기

카메라와 렌즈

오로라 촬영 방법은 일반적인 천체사진 촬영법과 크게 다르지 않다. 오로라는 엄청나게 크고 넓어서 밤하늘을 끝에서 끝까지 가로지르기에 광각렌즈를 사용하는 것이 좋다. 오로라는 상당히 밝기 때문에 콤팩트 카메라나 심지어 핸드폰으로도 촬영이 가능할 때도 있다. 매우 밝은 오로라는 동영상으로도 촬영 가능하다. 물론 초고감도 촬영이 지원되는 카메라여야 한다.

삼각대

촬영에 필요한 준비물

① **카메라와 렌즈**: 카메라는 최근에 나온 것일수록 노이즈가 적다. 렌즈 교환이 가능한 미러리스나 DSLR 카메라면 좋다. 카메라에 장착할 렌즈는 밝고 해상력이 우수할수록 좋다. 이런 렌즈일수록 비싸다. 오로라를 실제로 보면 밤하늘 전체를 가로지르는 장대한 풍경이므로 광각렌즈가 필요하며, 하늘 전체를 담을 수 있는 어안렌즈를 사용하기도 한다.

② **삼각대**: 장시간 노출에도 흔들리지 않게 촬영할 수 있는 튼튼한 삼각대는 필수다.

③ **릴리즈**: 카메라의 셔터를 직접 누르면 튼튼한 삼각대에 고정하더라도 흔들릴 가능성이 있다. 보다 안정적인 촬영을 위해서는 릴리즈를 사용하는 것이 좋다. 일주 사진이나 타임랩스Time-lapse와 같이 여러 장을 연속으로 촬영해야 할 경우에는 필수적이다.

릴리즈

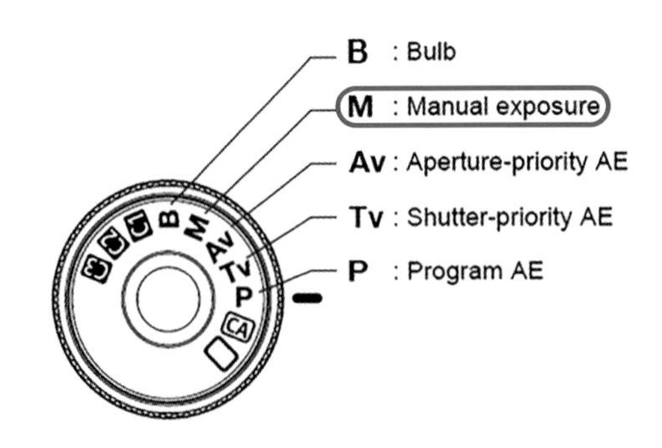

촬영모드의 선택

밤은 낮과는 또 다른 풍경이다. 빛이 거의 없기 때문에 카메라의 자동 초점AF; Auto Focus과 자동 노출AE; Auto Exposure이 제대로 동작하지 않는다. 따라서 대부분의 조작을 수동으로 해야 한다. 수동 촬영을 위해 카메라 상단의 다이얼을 수동 모드를 의미하는 [M]으로 맞춘다.

초점을 정확하게 맞추는 방법

밤에는 어두운 대상에 대하여 자동 초점이 제대로 작동하지 않기 때문에 오로라가 또렷하게 나타나도록 초점을 맞추는 일이 쉽지 않다. 멀리 가로등이나 밝은 달에 자동 초점으로 초점을 맞춘 뒤 수동 초점MF; Manual Focus으로 전환하여 고정하는 방법도 있지만 라이브뷰 기능(액정화면을 직접 보며 촬영하는 방식)을 이용하면 보다 정확하게 초점을 맞출 수 있다.

① 감도를 ISO 1600 정도로 맞추고, 조리개는 f/4, 셔터속도는 15초 내외로 설정한다. 밤하늘에서 밝은 별이 많은 쪽으로 카메라를 향하게 하여 삼각대에 고정한다. 그 후 렌즈의 초점 모드를 수동 초점으로 전환한다.

② 이제 라이브뷰 버튼을 누르면 액정화면에 밝은 별들이 점으로 나타난다. 별이 너무 어두워 잘 보이지 않으면 먼 거리에 있는 도시 불빛이나 가로등을 이용한다.

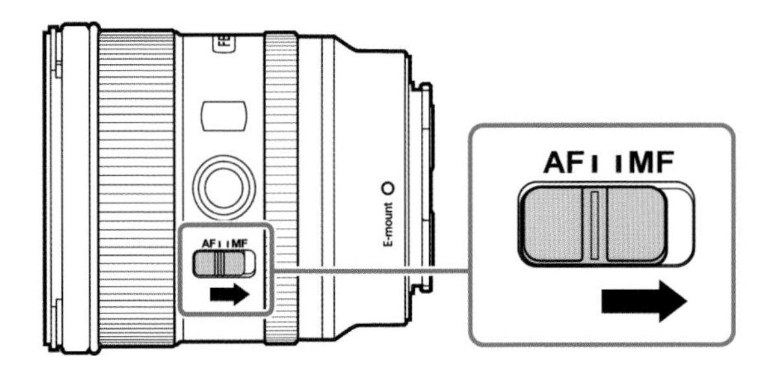

③ 확대 버튼을 눌러 화면을 최대로 확대한다. 화면에 별이 보이지 않으면 상하좌우키로 별이 화면에 들어오게 한 다음 수동으로 초점을 맞춘다. 초점을 정확히 맞추었다면 틀어지지 않도록 테이프로 붙여두면 안전하다. 줌렌즈의 경우 줌을 조작하면 초점이 미세하게 바뀌기 때문에 초점을 다시 맞추는 것이 좋다. 온도 변화에 의하여 초점이 바뀌는 경우도 있으므로 바깥 온도에 어느 정도 노출된 뒤에 초점을 다시 한번 점검한다.

카메라 설정

ISO 감도

밤하늘은 매우 어둡기 때문에 감도를 높게 설정해야 한다. 하지만 감도를 높일수록 노이즈가 증가하므로, 최소한으로 높게 설정하는 것이 필요하다. [고감도 노이즈 감소] 기능을 강하게 설정하면 감소시킬 수 있으나 한계가 있으므로 본인이 판단해서 적절하게 조절한다. 일반적으로는 ISO 400~1600 정도로 촬영하게 된다. 달빛이 없는 어두운 밤에 희미한 오로라가 뜬다면 ISO 3200 이상으로 감도를 높여야 할 수도 있다. 매우 밝은 오로라라면 ISO 100 정도로도 촬영이 가능하다.

조리개

밤하늘은 매우 어둡기 때문에 조리개는 가능한 개방하는 것이 좋다. 하지만 조리개를 개방할수록 화

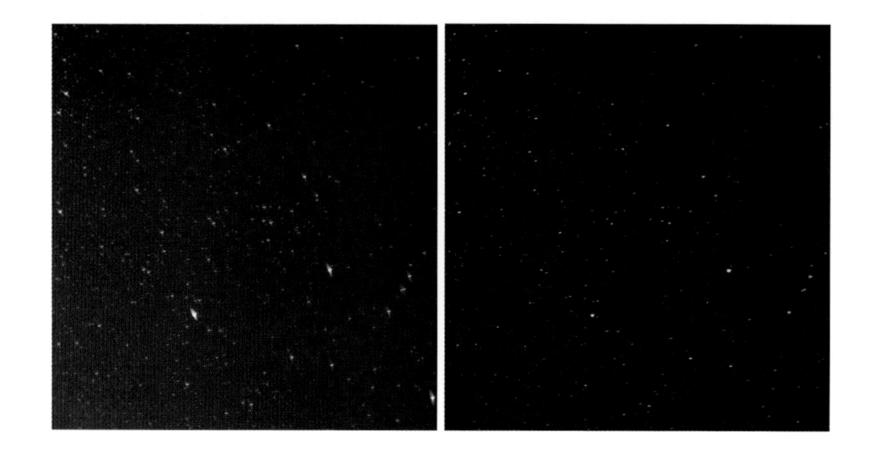

조리개를 완전히 개방한 사진(왼쪽)과 두 스톱 조인 사진(오른쪽)의 비교. 조리개를 개방하면 화질이 떨어져서 가장자리로 갈수록 별이 선명한 점으로 나타나지 않고 찌그러진 형태가 된다. 대신 어두운 별까지 많이 촬영되었다. 정답은 없다. 조리개는 렌즈 성능에 따라, 본인 취향에 따라 선택하면 된다.

질이 떨어지게 된다. 특히 가장자리의 별들이 점으로 나타나지 않고 번지거나 일그러지며, 화면 가운데보다 가장자리가 어둡게 보이는 '비네팅 현상'이 발생한다. 대개 최대 개방 조리개에서 1~2 스톱 조여서 촬영한다.

셔터속도

오로라의 너울거리는 움직임은 밝아질수록 빨라진다. 셔터속도가 짧을수록 오로라의 모습이 흐르지 않고 덜 뭉개지게 된다. 대개는 5~15초 정도의 노출로 촬영한다. 하지만 어둡고 희미한 오로라라면 노출시간을 30초 정도로 길게 주어야 할 때도 있다. 액정화면으로 촬영 결과를 확인해보고 너무 밝게 나오면 셔터속도를 줄여준다.

화이트 밸런스

별을 찍을 때는 화이트 밸런스를 조금 낮추어야 밤하늘이 붉은빛으로 치우치는 것을 막을 수 있다. 오로라도 기본적으로는 마찬가지다. 달빛이 눈에 반사된 흰빛을 기준으로 삼으면 좋다. 흰 눈이 흰색으로 나오게 설정하면 되는데, 촬영 시에 설정하는 것보다 촬영 후에 포토샵과 같은 이미지 편집 툴에서 미세하게 조정하는 것이 더 편하다. 대개 태양광(5200K)에서 3600K 사이로 설정하면 된다.

드디어 촬영 시작

이제 촬영 준비가 끝났다면, 오로라가 너울거리는 밤하늘에 맞추어 카메라를 삼각대에 고정한다. 우선 감도는 ISO 1600, 조리개는 f/4, 셔터속도는 15초 정도로 시작해본다. 촬영 후 결과를 액정화면에서 확인해본다. 수평선이 삐뚤어지지는 않았는지 꼼꼼히 살펴보고 최대로 확대하여 초점이 잘 맞았는지도 확인한다. 밤에 액정화면에서 보는 사진은 실제보다 훨씬 밝게 느껴지므로 약간 밝은 느낌이 들도록 촬영해두는 것이 좋다.

참고로 밤하늘이 어두워도 인물 촬영이 아니라면 플래시는 전혀 필요하지 않다. 오로라는 아주 멀리 있어서 플래시 불빛이 닿지도 않을뿐더러, 오로라를 보고 있는 다른 사람들에게 피해를 줄 수 있다. 플래시는 반드시 OFF로 설정한다.

오로라가 너무 어둡다면 ISO 감도를 더 높이고, 셔터속도를 늘려준다. 반대로 너무 밝다면 셔터속도를 줄여주고 ISO 감도를 낮추면 된다. 오로라는 희미하게 나타나는 날도 있지만 활발하게 움직이는 날에는 보름달이 뜬 것만큼 밝다. 그럴 때에는 오로라의 형광빛으로 온 천지가 물들어 함께 빛난다. 이런 경우에는 오로라의 움직임이 매우 빠르기 때문에 가능한 노출시간을 짧게 가져가야 오로라의 세부가 뭉개지지 않는다.

촬영할 때 다시 한번 생각해볼 것

오로라 촬영의 목적이 무엇인지 생각해보자. 평생에 두 번은 보지 못할 장관을 사진 찍느라고 잘 보지 못한다면 무슨 낭패인가. 그런 장관을 사진으로 제대로 촬영하는 것은 쉽지 않다. 특히 오로라 폭풍을 처음 만났을 때 제정신으로 셔터를 누르는 사람을 아직 본 적이 없다.
여행의 추억을 남기는 것이 목적이라면, 눈으로 보는 데 집중하는 것이 좋다. 가장 좋은 자세는 누워서 보는 것이다. 인증샷은 충분히 느낀 뒤에 찍어도 늦지 않다. 사진도 놓치고 싶지 않은 욕심 많은 분들을 위한 팁 한 가지. 카메라를 연사 모드로 설정하고 릴리즈의 버튼을 눌러서 올리면 눌린 상태로 고정된다. 이제 카메라는 스스로 촬영을 계속한다. 그러면 이제 당신은 카메라에서 해방되어 오로라에 집중할 수 있다. 오로라의 방향이 바뀌면 카메라 방향만 가끔 바꾸어준다. 나중에 촬영된 것을 보고 잘 나온 사진을 고르면 된다. 물론 이 사진들을 이어 붙여서 타임랩스 영상으로 만들 수도 있다.
진지하게 사진을 목적으로 하고 있다면, 전형적인 사진을 넘어 자신만의 스타일이 담긴 오로라 사진을 시도해보는 것은 어떨까. 기본을 숙지하되 한 걸음 더 나아가서 자신의 느낌대로 촬영해보자. 보고 느낀 것을 효과적으로 표현하는 방법이 있다면 어떤 촬영법이라도 좋다.
오로라의 움직임을 표현하기 위해 노출시간을 길게 촬영할 수도 있다. 이때 별도 그만큼 흘러간 궤적으로 나타나게 될 것이다. 사진이 아니라 영상으로 만들어서 오로라의 역동적인 느낌을 효과적으로 살릴 수 있을 것이다.

당신의 느낌을 충분히 표현하는 것, 그것이 당신의 사진이다.

오로라는 별보다 밝은 경우가 많고, 요즘은 카메라들이 좋아져서 굳이 DSLR이 아니더라도 오로라를 촬영할 수 있다. 추억을 남기는 목적이라면 똑딱이 카메라로도 가능하다. 위 사진은 렌즈가 분리되지 않는 똑딱이 카메라로 촬영한 것이다.

삼성 EX2F 카메라, 환산화각 24mm, ISO 400, f/1.4 4초
오로라 빌리지*Aurora village*, 2012년 10월

심지어 스마트폰으로도 오로라를 촬영할 수 있다. 최신 스마트폰에서는 8초 이상의 장노출을 줄 수 있어서 삼각대만 있으면 오로라를 촬영할 수 있다. 장노출이 가능한 스마트폰 앱을 이용할 수도 있다.

LG Gpro2 스마트폰, 8초
에노다 로지 *Enodah lodge*, 2014년 1월

광각렌즈로 기울여 찍으면 왜곡이 심하다. 수평으로 촬영한 후 아래 부분을 잘라내면 왜곡을 줄일 수 있다.

Sony A7R3 카메라 + 12-24G f/4 렌즈, 13mm, ISO 1600, f/4 15초

오로라 빌리지*Aurora village*, 2018년 2월

오로라가 매우 빠른 속도로 이른바 '댄싱'을 하는 상황이다. 매우 밝고 빠르게 움직이므로 노출시간을 최대한 짧게 가져가야 한다. 위 사진의 노출시간은 0.8초. 천체사진에서는 이례적으로 짧은 시간이지만 오로라가 충분히 밝기 때문에 촬영이 가능하다. 오로라 폭풍 때는 동영상으로도 촬영할 수 있다.

Canon 5D mark III 카메라 + 24mm f/1.4L II 렌즈, ISO 6400, f/2 0.8초
오로라 빌리지 *Aurora village*, 2013년 3월

오로라 폭풍이 시작되면 급격하게 밝아지므로 노출을 줄이지 않으면 노출 과다가 된다. 그렇게 되면 오로라의 핑크빛이 하얗게 나온다.

Canon 5D mark II 카메라 + 24mm f/1.4L II 렌즈, ISO 3200, f/2.8 2초

잉그러햄 고속도로*Ingraham Trail* 옆 작은 호수, 2012년 10월

오로라 폭풍 상황이 되면 오로라가 너무나 빨리 움직이기 때문에 사진으로 담기 어렵다. 이 장면은 동영상으로 촬영한 것이다. 밤하늘을 동영상으로 찍으려면 초고감도 촬영이 지원되는 카메라를 사용해야 한다.

Sony A7s 카메라 + 캐논 8-15mm f/4 렌즈, ISO 25600, f/4. 여러 대를 붙여 VR촬영
오로라 빌리지 *Aurora village*, 2015년 3월

2.5초 노출

0.5초 노출

밝은 티피가 노출 과다되면, 티피에 맞는 짧은 노출로 한 장을 더 찍어서 합성할 수도 있다.

Canon 5D mark III 카메라 + 24mm f/1.4 L II 렌즈, ISO 1600, f/2.2
오로라 빌리지*Aurora Village*, 2015년 9월

오로라는 하늘 전체를 덮을 정도로 넓은 대상이므로 광각렌즈가 필요하다. 극단적으로 전체 하늘을 담을 수 있는 어안렌즈를 쓰기도 한다. 그런 광각렌즈가 없을 때는 삼각대에 카메라를 고정하고 화각을 조금씩 이동해가면서 촬영한 다음 컴퓨터 프로그램을 이용해서 이어 붙일 수도 있다.

Canon 5D mark II 카메라 + 24mm f/1.4L II 렌즈, ISO3200, f/2.8 13초, 세로 사진 8장 이어 붙임.
에노다 로지*Enodah lodge*, 2012년 10월

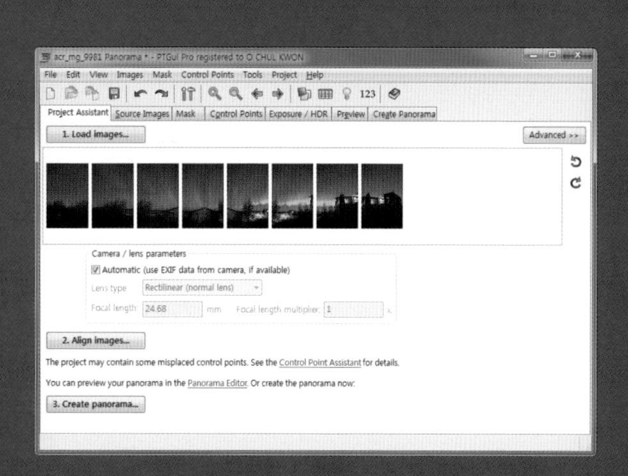

파노라마 사진을 만드는 프로그램 중 가장 유명한 PTGui. 이 프로그램을 이용해서 위 사진을 이어 붙였다. 촬영 시에 인접한 사진이 20% 정도 겹치게 찍어야 하고, 오로라가 빠르게 움직이면 깔끔하게 붙지 않으므로 천천히 움직일 때를 노려야 한다.

여러 장을 연속으로 촬영한 뒤, 한 장으로 합쳐 일주 사진을 만들었다. 오로라도 계속 겹쳐지게 되므로 색다른 오로라 사진을 얻을 수 있었다.

오로라 빌리지*Aurora village*, 2012년 10월

일주 사진을 만드는데 가장 많이 쓰이는 Startrails 프로그램. 무료로 배포되니 인터넷에서 검색해보자. 사용법도 매우 간단하다. 합칠 사진들을 불러와서 합치기 버튼을 누른 뒤 작업이 끝나면 저장하면 된다.

오로라를 배경으로 인증샷 찍기

오로라 빌리지 같은 곳에서는 기념사진을 전문으로 촬영해주는 직원이 있다. 하지만 오로라가 장대하게 불타오르는 밤에는 이 직원이 너무 바쁘다. 스스로 촬영하는 방법을 알아보도록 하자. 오로라만 촬영할 때와는 달리 인물이 같이 나오게 하려면 불빛이 필요하다. 하지만 휴대폰의 플래시는 너무 밝아서 촬영에 적합하지 않고, 다른 사람들에게도 피해를 줄 수 있기 때문에 사용하지 않도록 하자. 아주 약한 불빛을 조심스럽게 사용해 촬영해야 한다.

① 찍힐 사람이 오로라를 등지고 서게 한다. 카메라와의 거리가 너무 멀어지면 사람이 너무 작게 나오고 불빛이 닿지 않으므로 3~7m 내외가 적당하다. 인물 뒤에 오로라가 나오도록 카메라는 약간 낮게 설치하고 위쪽 하늘을 바라보도록 구도를 잡는다.

② 촬영법은 기본적으로는 오로라만 촬영할 때와 같다. 촬영 중에 불빛을 사용한다는 점이 다르다. 작은 손전등으로 셔터가 열려 있는 동안 인물에 빛이 닿도록 살짝 비춘다. 손전등은 아주 약한 것이 좋은데, 일반 전구로 된 것은 색이 붉게 나오므로 좋지 않다. LED 전구 제품을 사용하면 자연스러운 색감을 얻을 수 있다. 손전등이 없다면 스마트폰 화면을 흰색으로 만들어서 사용할 수도 있다. 찍어보고 너무 밝거나 어두우면 불빛을 비추는 시간을 조절하면 된다. 손

1 오로라와 함께 단체 사진의 추억을 남겨보자.
2,3 촬영 시간 동안 가만히 있어서 제대로 나온 사진과 촬영 중 움직여서 유령처럼 나온 사진 ©문승주

전등을 사용할 때는 부드럽게 표현되도록 불빛을 비출 때 흔들어준다.

③ 초점은 무한대보다는 인물에 맞추는 것이 좋다. 광각렌즈라면 인물에 초점을 맞추어도 뒤의 오로라까지 어느 정도 초점이 맞는다. 촬영자 본인도 사진에 나오게 하려면 셔터를 타이머 모드로 놓고 셔터를 누른 다음 재빨리 앞으로 가서 위치를 잡고 선다.

④ 촬영되는 동안 움직이지 않도록 한다. 셔터가 열려 있으므로 움직이면 유령처럼 흐른 모습으로 촬영된다.

1 불빛을 아주 약하게 써야 사진이 자연스럽게 나온다. 플래시는 너무 밝으니 절대 사용하면 안 된다.

2 무한대 거리의 오로라와 가까이 있는 사람 모두 초점이 선명하기는 어렵다. 둘 중 하나를 골라야 한다면 사람에게 초점이 맞는 것이 좋다.

3 다양한 포즈를 취해보자. 단, 촬영하는 몇 초 동안은 움직이지 않아야 한다.

4 촬영 중에 레이저 포인터나 작은 손전등으로 허공에 그림을 그리면 재미있는 사진이 연출된다.

추운 곳에서의 카메라 관리

우선 나부터 따뜻해야

옐로나이프의 겨울밤 기온은 보통 영하 20~30도, 추운 날은 영하 40도까지도 떨어진다. 냉장고의 급속 냉동실보다 추운 것이다. 이런 날씨에 밖에서 촬영하려면 우선 사진 찍는 본인이 잘 껴

방한복을 갖춰 입으니 밖으로 노출된 곳은 눈과 코뿐이다. 콧김이 안경에 얼어붙어서 불편하면 콘택트렌즈를 이용하면 된다. ©김주원

입어야 한다. 결국 사진은 사람이 찍는 것인데 사진가가 추위에 무너지면 사진이 잘 나올 리 없다. 체온 손실이 많은 머리와 손발의 보온에 특히 신경 써야 한다. 머리에는 눈만 나오는 페이스 마스크와 털모자가 필요하고, 발에는 극지용 방한화가 필요하다. 방한화는 소렐Sorel, 카믹Kamik, 배핀Baffin 등의 브랜드가 유명하다. 옐로나이프의 오로라 관광 업체에서 빌려주는 방한화는 현존하는 방한화 중 가장 따뜻한 것이므로 별도로 준비할 필요는 없다. 손은 카메라 조작이 가능한 얇은 장갑을 끼고, 그 위에 두툼한 장갑을 겹쳐 끼는 것이 좋다. 맨손으로 저온에서 쇠로 된 삼각대 등을 잘못 잡으면 들러붙기도 한다. 차가워진 손을 보호하기 위한 핫팩을 주머니 속에 넣고 있으면 더욱 좋다.

저온에서의 카메라 작동

저온에서는 각종 전원 장치들이 문제를 일으키기 쉽다. 배터리와 건전지의 성능이 저하되어 촬영 불능 상태가 되는 것이다. 일반적인 카메라의 설명서에는 작동을 보증하는 온도 범위가 0도에서 영상 40도 정도로 다들 비슷하게 표기되어 있지만, 저온에서의 실제 성능은 카메라 제조사마다, 그리고 모델마다 상당한 차이가 있다. 어떤 카메라는 영하 30도에서도 문제없이 작동하는데, 영하 10도만 되어도 먹통이 되는 카메라가 있다. 최신 기종일수록 저온에 강하고, 오래된 기종일수록 작동이 되지 않는 경우가 많다.
저온에서 잘 작동하는지 미리 확인해보고 싶다면, 습기가 차지 않도록 카메라를 비닐 팩에 넣고 냉장고의 급속 냉동실에 1시간 정도 넣어두었다 꺼내서 작동하는지 점검해보면 된다. 참고로 급속 냉동실은 대개 영하 20도이다. 옐로나이프의 겨울밤은 이보다도 춥기 때문에 이 실험을 통과하지 못하면 현지에서 사용이 어렵다.
촬영할 때는 여분의 배터리를 챙겨두는 것이 좋다. 이 배터리는 카메라 가방이 아니라 따뜻한 품속에 보관하도록 한다. 저온일수록 배터리의 사용 시간이 짧아지므로 자주 갈아 끼우게 된다. 영하 30도 이하로 떨어지면 액정이 얼어서 표시가 느려지기도 하고, 전원이나 릴리즈의 전선 케이블 등이 구부러지지 않고 부러져버리는 경우도 많기 때문에 주의해야 한다. 예전에 영하 40도 가까운 추위 속에서 밤새 촬영한 적이 있었는데, 릴리즈 케이블이 마지막 하나까지 다 부러져버리기도 했다.
기계식 필름 카메라는 괜찮을 거라고들 생각하는데 그렇지 않은 경우가 많다. 대부분의 기계식 카메라는 오래전에 생산된 것들이다. 카메라 내부에 윤활유와 먼지 등이 뭉쳐 있다가 저온에서 얼어붙어 카메라가 작동하지 않게 되기도 하므로 미리 점검해두어야 사용할 수 있다.

온탕과 냉탕을 오가면 안 된다

정작 문제는 추운 곳에 있다가 따뜻한 곳으로 갈 때 생긴다. 갑자기 따뜻한 곳으로 이동하면 안경에 김이 서리듯이, 따뜻한 곳의 습기가 차가운 물체에 붙어서 물방울이 생기는 것이다. 카메라 외부뿐만 아니라 내부에도 습기가 맺히게 되는데, 완전히 마르기 전에 다시 추운 곳으로 가게 되

1

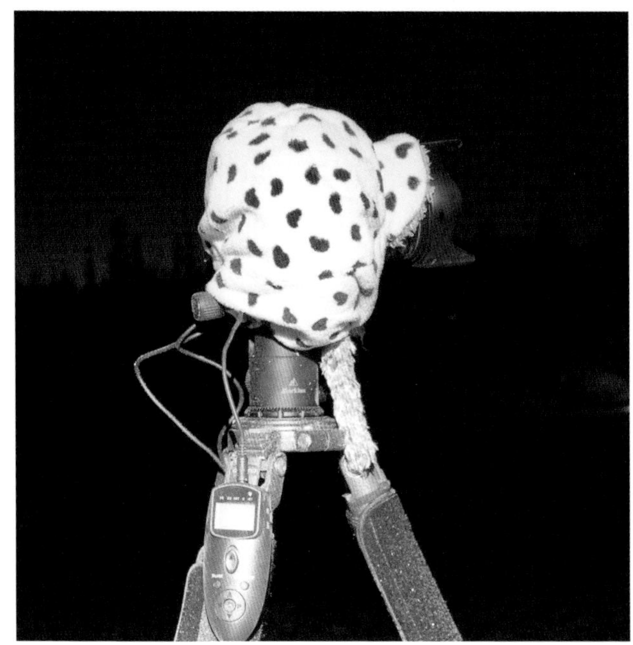
2

면 그대로 얼어붙어서 카메라를 사용할 수 없게 되며, 무리하게 작동시키다가는 카메라에 치명적인 고장이 발생하기도 한다.

따라서 그날의 촬영이 마무리될 때까지 냉탕과 온탕(?)을 오가는 일이 없도록 해야 한다. 너무 추워서 따뜻한 곳으로 몸을 녹이러 들어가더라도 카메라는 그냥 밖에 두는 것이 좋다. 이때 눈꽃이 내리지 않도록 옷이나 페이스 마스크 등으로 덮어두면 좋다. 오래 놔둘 것이라면 배터리는 다시 빼서 품 안에 보관한다.

촬영을 마무리하고 들어갈 때는 밖에서 장비를 정리해서 카메라 가방에 넣은 후에 실내로 옮겨서 온도 변화에 서서히 적응하도록 하는 것이 좋다. 비닐 지퍼백이 있다면 그 안에 넣어 실내로 들어오면 물이 맺히는 것을 어느 정도 방지할 수 있다. 카메라가 건조되는 데는 상황에 따라 차이가 있지만 대개 몇 시간씩 걸리는데, 다시 촬영을 나가기 전에는 카메라가 완전히 건조되었는지 확인해야 한다.

내 비장의 무기

비장의 무기(!)인 보온병은 이런 극한의 조건에서 장시간 연속으로 촬영하기 위해 준비한 것이다. 저온 시 카메라 작동에서 가장 취약한 부분인 배터리 등을 외부로 분리해서 보온병 안에 넣고 닫아버리는 것이다. 즉 자체 제작한 카메라의 외장 배터리와 일정 시간 간격으로 연속 촬영을 하게 해주는 인터벌 타이머 릴리즈가 수납 대상이다. 전기 드릴로 전선이 나올 구멍만 뚫어두면 된다. 요새는 많은 학교들이 무상급식을 하기 때문에 집마다 놀고 있는 보온 도시락이 많이 있으니 이를 활용하면 된다. 이 폭탄처럼 생긴 '무기' 덕분에 영하 40도 가까운 상황에서도 24시간 동안 연속으로 인터벌 촬영을 할 수 있었다.

이렇게 거창하게 준비하지 않더라도 핫팩을 많이 챙겨 가면 여러모로 요긴하게 쓰인다. 개봉하고 나서 주머니 속같이 따뜻한 곳에 넣어두고 충분히 뜨거

1 눈밭에 카메라를 오래 세워두면 이렇게 눈 알갱이가 날아와 붙어서 눈꽃이 핀다. 렌즈에도 붙기 때문에 이럴 경우에는 촬영을 망쳤다고 보면 된다.

2 나는 싸구려 털모자를 카메라 방한복으로 이용한다. 크기도 딱 맞고 렌즈 앞부분만 나오게 둘러싸 두기 편리하다. 그 안에 핫팩이나 열선을 넣어두면 더욱 좋다.

밤새 오로라를 촬영한 새벽, 비장의 무기(!)인 보온 도시락 배터리를 들고 비장한 표정으로 2010년 연평도에서 어느 높으신 분이 했던 보온병 코스프레를 재현했다. 2011년 2월

워진 다음에 사용하는 것이 노하우다. 라이터 기름을 이용하는 손난로는 휘발성 물질이므로 비행기에 가지고 탈 수 없고, 너무 추우면 꺼져버리기 때문에 추천하지 않는다. 핫팩도 너무 추우면 얼어붙기 때문에 헌 옷 등으로 감싸주자.

이렇게 카메라가 작동을 한다 하더라도 입김만 닿아도 바로 하얗게 얼어붙기 때문에 숨 쉬는 것도 조심해야 한다.

너울거리는 신비한 빛 앞에 서면 그 느낌을 어떻게 말로 표현할 길이 없다.

오로라 빌리지*Aurora village*, 2015년 3월

오로라를 보고 인생이 바뀌다

어느 날 별이 소년에게 왔다

별과의 인연이 시작된 것은 고등학교 시절 본 책 한 권 때문이었다.《재미있는 별자리 여행》이라는 1989년 출간된 우리나라 최초의 별자리 안내서다. 이 책을 벗 삼아 야간 자율 학습 중간중간 별자리를 찾으며 밤하늘과 친해졌다.

그렇게 별에 푹 빠져 있었음에도 대학 전공을 고를 때 천문학을 선택하지 않았다. 군사정권 시절이라 국가 발전의 일꾼이 되어야 한다는 사회적 세뇌를 받고 자라다 보니 공대에 가긴 했으나, 전공 공부는 뒷전이었다. 나의 대학 생활은 동아리에서 시작해서 동아리로 끝났다. 천문동아리 AAAAmateur Astronomy Association에서 살다시피 했는데,《재미있는 별자리 여행》의 저자 이태형 씨가 동아리 9년 선배다.

별은 따서 간직할 수 없기에 사진으로 찍어야 했다. 아버지의 필름 수동 카메라를 빼앗아 시작한 사진에 빠져들었다. 구할 수 있는 사진 관련 서적은 다 읽어보고 미대 사진 수업을 들어가며 사진을 공부했다. 덕분에 졸업 직전인 1996년 1월, 포트폴리오가 삼성포토갤러리에 선정되어 개인전을 하게 되었다. 당시 삼성이 카메라 사업에 뛰어들며 야심 차게 만든 기관이라 상당히 문턱이 높았다. 그때 전업 작가 하라는 말을 들었지만 귓등으로도 듣지 않았다. 별 보거나 사진 찍는 일로 먹고살 수 있을 거라고는 생각도 못 했기 때문이다.

대학 동아리의 망원경으로 관측하는 모습

처음 갔던 오로라 여행이
나를 천체사진가라는 직업으로 이끌었다

전시회를 마치자마자 작가가 아닌 회사원의 삶이 시작되었다. 그리고 뒤늦게 방황이 시작됐다. 직장에서 일은 재미있었지만 직장인으로서의 삶은 행복하지 않았다. 어른들 말 잘 듣고, 공부 잘해서 큰 회사 들어가면 행복하게 살 수 있을 거라고 생각했는데. 행복은 성적순이 아니었던 거다.

그때부터 벤처기업, 대기업을 넘나들며 수많은 직업을 전전했다. 실행에 옮기지 못한 수많은 흔들림도 있었다. 잠수함 설계에서 소프트웨어 개발, 무선 인터넷 콘텐츠, 유선 인터넷 서비스 등 하는 일은 계속 바뀌었지만 별 사진을 찍는 취미는 바뀌지 않았다. 십여 년을 꾸준히 찍다 보니 국내외에서 천체사진가라는 이름을 얻었다.

"사진으로 어떻게 먹고살 수 없을까…."

하지만 월급이 주는 유혹은 너무나 컸다. 한 달만 참으면 또 월급날이 돌아오니까. 그렇게 한 달짜리 인생을 반복하던 2009년 말, 오로라 원정대 행사를 진행하는데 천체사진가로 캐나다 옐로나이프까지 따라가달라는 요청을 받았다. 성과급과 진급이 정해지는 연말에 긴 휴가를 쓰는 것은 매우 위험한 일이다. 하지만 공짜도 아니고 심지어 돈을 받고 가는, 게다가 오로라 아닌가. 놓칠 수 없는 기회였기에 힘들게 휴가를 냈다.

처음으로 만난 오로라는 신비했다. 밤하늘을 가득 채운 빛들의 춤은 영하 40도에 이르는 추위 속에서도 밤새 셔터를 누르게 만들었다. 그런데 오로라보다 더 신기한 것을 봤다. 바로 같이 갔던 사람들. 사진가, 일러스트레이터, 블로거 등 월급쟁이는 나 하나밖에 없었다. 자기가 하고 싶은 일을 하며 사는 사람들. 그런 사람들과 처음 어울렸던 것이다.

"이렇게도 살 수 있구나…."

휴가에서 복귀하니 어찌나 못살게 구는지… 가슴속에 품고 있던 한마디, 항상 목에 걸려 있었으나 내뱉지 못했던 그 말, 결국 툭 튀어나왔다.

"회사 그만두겠습니다."

운명의 해였던 2009년, 12월 초에 오로라 여행을 다녀왔고, 중순에 사직서를 냈고, 말일 자로 자유인이 되었다. 오로라 여행이 계기가 되어 마침내 전체사진가로 직업을 바꿀 수 있었다.

오로라 원정대원들과 함께.
캐나다 옐로나이프, 2009년 12월 ©김주원

오로라를 처음 보게 되면 생각보다 크다는 것에 놀란다. 밤하늘을 가득 덮기에 시야를 벗어나 고개를 이리저리 돌려야 전체의 모습을 볼 수 있다. 그리고 생각보다 밝고 움직임이 빠르다. 달이 뜨면 그 빛 때문에 은하수나 별들이 잘 안 보이게 되는데, 오로라는 잘 보였다.

오로라 빌리지*Aurora village*, 2009년 12월

인생의 전환기마다 오로라가 있었다

사진가가 되고 나서 그토록 가보고 싶었던 킬리만자로산을 시작으로 온갖 곳을 고삐 풀린 망아지처럼 돌아다녔다. 그렇게 사진과 영상이 쌓이면서 불려 다니는 곳도 많아졌다. 내 인생을 바꿨던 책《재미있는 별자리 여행》의 개정판이 23년 만에 나왔는데, 책에 수록된 사진을 내가 찍었다. 정말 재미있는 인연이다.

하지만 좋은 시절은 오래가지 않았다. 사진 영상 시장이 급격히 위축되고 있었다. 그때 전환점이 된 것이 또 오로라다. 오로라의 경이로움을 어떻게 다른 사람들에게 전달할 수 있을까를 고민하다가, 밤하늘 전체를 한 번에 동영상으로 찍어야겠다는 생각을 했다. 몇 년 뒤 오로라를 동영상으로 찍을 수 있을 만큼 초고감도 카메라가 시장에 출시되자마자 여러 대를 사서 생각해오던 것을 실행에 옮겼다. 2015년 2월에 첫 촬영을 하고 돌아왔는데, 3월에 흑점 폭발 뉴스를 보고 다시 바로 비행기를 탔다. 2주 동안 오로라 폭풍을 매일같이 볼 수 있었고, 그 감동의 순간을 오로라 VR 영상으로 담아냈다. 세계 최초였다.

이 영상으로 이 책의 내용을 30분 분량으로 압축한 천체투영관용 영화를 만들었다. 오로라 여행이 계기가 되어 천체사진가로 전업했는데, 오로라 영화를 만들어 영상제작자의 길을 가게 되었다. 오로라 이후 여러 편의 천체투영관용 영화를 만들었고, 앞으로도 여러 편을 준비하고 있다.

다음 인생의 전환점에도 오로라가 있을 것 같다. 캐나다 옐로나이프 현지에 천체투영관과 갤러리를 만들 꿈을 꾸고 있다. 내 오로라 작업들을 모아서 오로라를 보러 온 사람들에게 보여주고 싶다. 나는 스스로 천체사진가라는 직업을 "밤하늘의 경이로움을 다른 이들에게 전달하는 행복한 직업"이라고 정의했다. 동시대 사람들에게 밤하늘의 아름다움을 느끼게 해주고, 그것으로 밥벌이를 할 수 있으니 정말 행복한 직업이다. 지금 운영하는 블로그의 제목이 '사진가로 살아남기'다. 끝까지 포기하지 않고 사진가의 삶을 살아간다면, 죽은 뒤에 내 이름 석 자로 기억될 사진 한 장은 남길 수 있지 않을까 기대하며 오늘도 사진을 찍고 있다.

1

2

1 오로라 VR 촬영 장비. 이외에도 별도의 녹화 장비가 카메라 대수만큼 있어서 짐이 많았다.

2 오로라 VR 촬영 장비로 작업하는 모습. 오로라 폭풍 상황에서는 흰 눈이 오로라의 형광빛을 반사해서 같이 빛난다.

3 〈생명의 빛 오로라〉의 영어판 포스터. 국립과천과학관 등 국내외 60여 곳의 과학관에서 상영 중이다.

4 〈생명의 빛 오로라〉는 독일 예나Jena에서 열린 제11회 풀돔 페스티벌Fulldome Festival에서 대상을 수상했다.

지자기 폭풍의 영향으로 장대한 오로라가 펼쳐졌다. 이 사진은 NASA가 운영하는 '오늘의 천체사진APOD, Astronomy Picture Of the Day**'에 2번 선정되었다.**

오로라 빌리지 *Aurora village*, 2013년 12월

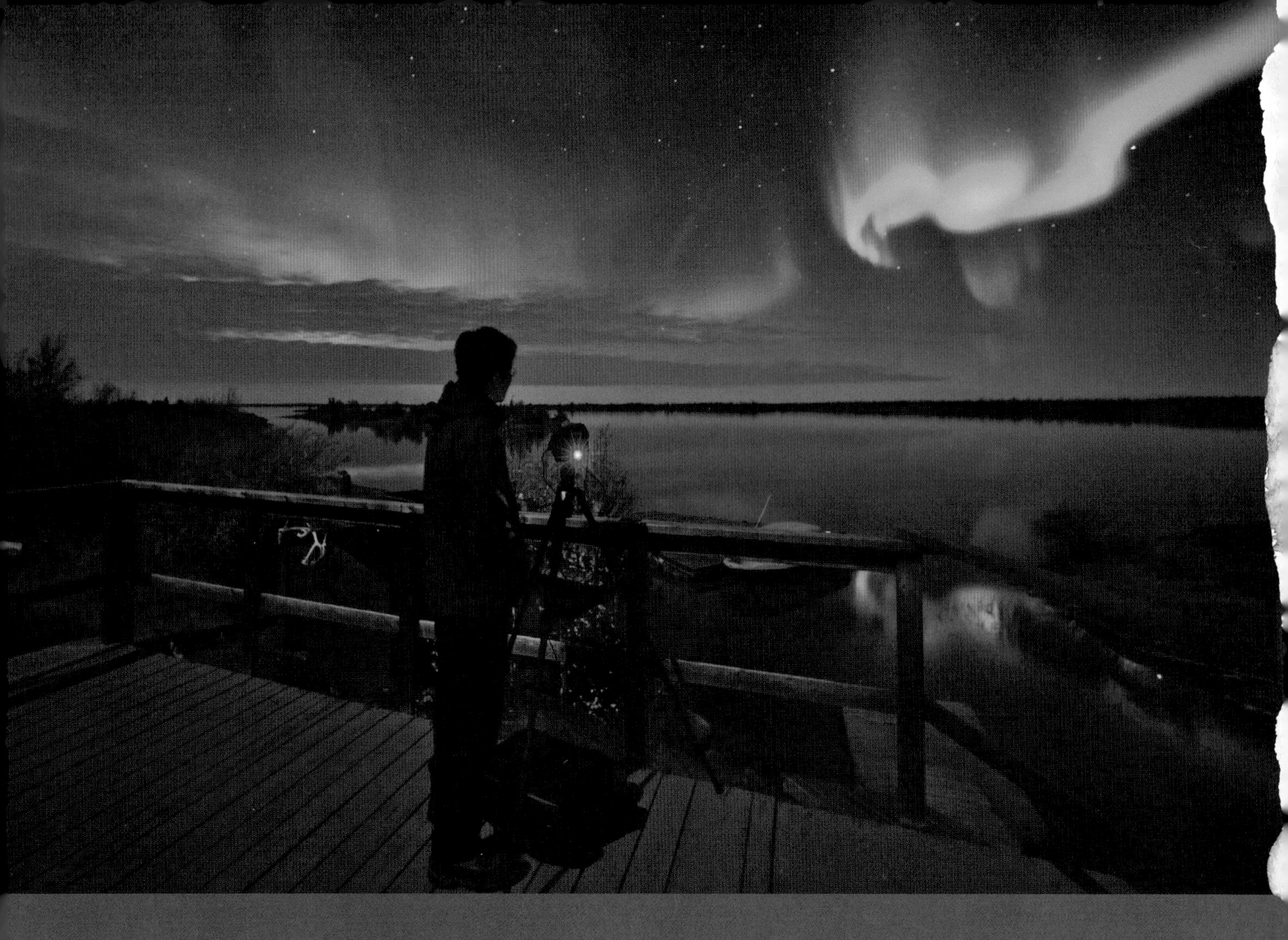

캐나다 옐로나이프에서 오로라를 촬영하는 모습.

에노다 로지*Enodah lodge*, 2012년 10월

왼쪽 사진의 상황에서 촬영된 오로라 사진.
천체사진가들은 카메라를 여러 대 들고 다니기 때문에
이렇게 재미있는 사진을 찍기도 한다.

에노다 로지 *Enodah lodge*, 2012년 10월

일생에 한 번쯤, 오로라

우주는 참으로 넓다. 우리 태양과 가장 가까운 별도 4광년 넘게 떨어져 있으니, 지금 보는 저 별빛은 최소 4년 전부터 멀게는 10만 년 전의 모습이다. 인간이 맨눈으로 볼 수 있는 대상 중에 가장 멀리 있는 것은 안드로메다은하인데 220만 광년 정도 떨어져 있으니, 저 빛이 출발할 때는 우리 조상들이 털이 많은 모습으로 구부정하게 걸어 다니고 있었을 것이다. 그렇다면 이렇게 넓은 우주에서 가장 아름다운 장면은 무엇일까?

은하계가 충돌해서 새로운 은하를 형성하는 장면은 어떨까. 수천억 개의 별로 구성된 은하끼리 충돌하며 벌어지는 우주 쇼는 그 범위가 수백만 광년에 걸쳐 나타난다. 아니면 작은 별 옆의 그보다 훨씬 작은 행성에서 눈으로는 보이지도 않는 분자 크기의 덩어리들이 어느 날 갑자기 생명체로 진화하는 것도 꽤나 흥미진진할 것이다. 은하의 이합집산이 천상최대의 쇼라면 생명의 진화는 '지상최대의 쇼*'인 것이다. 하지만 이런 장면들은 러닝 타임이 수십억 년씩 되기 때문에 이제까지 존재했던 어떤 생물종의 존속기간보다 길어 '신의 시점'이 아니고서는 엔딩크레딧까지 관람하는 것이 불가능하다.

인간이 볼 수 있는 현상으로 대상을 한정한다면, 밤하늘에서 가장 아름다운 장면은 단언컨대 오로라이다. 비처럼 쏟아지는 별똥별들, 그리고 개기일식도 다 보았지만 그중 최고는 오로라였다. 과학자들이 예측한 시간에서 한 치의 오차

* 지상최대의 쇼(The Greatest Show on Earth): 다윈의 계승자로 불리는 리처드 도킨스의 책 이름이기도 하다.

없이 몇 시간 동안 진행되는 개기일식은 장엄하다. 태양이 완전히 가려지는 단 몇 분, 그 기적의 순간은 숭고하다. 그런데 이보다 더한 것이 있으니 바로 오로라다. 오로라는 언제 어디서 어떤 모양으로 나타날지 정확한 예측이 불가능하다. 그리고 동일한 모습은 단 한 순간도 없다. 희미한 날도 많지만 오로라 폭풍과 같이 온갖 색의 빛이 밤하늘 전체를 물들이며 휘몰아치는 순간을 맞으면 그 느낌은 말로 표현할 수 없다. 이런 절정의 순간은 한 번 찾아오기도 하고 하룻밤에도 여러 번 반복되기도 하고 정말 운 좋은 날은 밤새 난리를 치며 사람의 진을 빼놓는다. 밤하늘에서 볼 수 있는 절정의 카타르시스인 것이다.

보지 않은 사람들에게 말로 설명하려니 참으로 어렵다. 그대, 일생에 한 번은 오로라를 만나보라. 혹시 아는가 나처럼 인생을 바꾸는 계기가 될지. 그 길에 이 책이 도움이 되길 바란다.